致亲爱的小朋友们

亲爱的小朋友们，想象一下，如果人类完全没有了电，世界会怎样？

一开始，你会发现手机、电脑、电灯都不能用了，各种不便会让你有些烦躁。学校被迫放假了，你也许会开心一小会儿，但真正的麻烦才刚刚来临……

日常生活中，你会发现做饭点不着火；水龙头里没有水；冰箱无法工作，食物的存储将成为一个大问题；依赖于电力的地铁、高铁、电动汽车等将无法运行，人们的出行会受到很大的影响；医院的医疗设施无法工作，危及人们的生命安全。

以上场景，光是想想就觉得可怕。如果没有电，人们的生活将会发生巨大的改变。不过不用担心，我们不会完全没有电的，因为咱们这个世界几乎就是由“电”组成的，电简直可以说是无处不在！至于为什么这么说，咱们一起翻开书看看吧！

欢迎大家来到电与磁的世界！（咦？怎么突然多出来个“磁”？嘿嘿，别着急，请往后看！）

一、本套书的编排顺序属笔者精心设计，最好顺次阅读哟！

二、遇到思考题时，可以停下来和爸爸、妈妈一起讨论，建议不要直接看答案，因为“思考讨论”的过程远比“知道答案”更重要。

三、如果需要动手实验，请邀请家长陪同，安全第一。

四、每一节的最后都设置了针对本章节核心内容的知识大汇总，便于日后总结归纳。

五、完成学习后，可以从书本最后一页获取奖励徽章。

创作者简介

作者 **马丁**

中国科学院物理学博士，原北京、深圳学而思骨干物理教师，拥有十多年中考、高考、竞赛以及低年级兴趣实验课教学经验，一直秉承着展现物理之美、激发学习兴趣、培养良好习惯的教学理念。他的课程深受广大学生、家长好评，自媒体平台上的物理教学课程浏览量超百万。

绘图 **狸猫**

90 后青年漫画师，作品以儿童科普漫画为主，创作风格清新活泼、温暖治愈，深受大小朋友们的喜爱，自媒体平台点赞量过百万。

角色介绍 ………… 主演阵容

天天

一个内向的男孩，爱思考，不善言谈，后来逐渐变得主动起来，而且表达能力也越来越强了。

小艾

一个活泼的小女孩，好奇心重，做事略显急躁，有时候说话不经过思考，后来逐渐变得没那么急躁了，也能够全面看待问题了。

助演阵容

小灯泡

一名小牛顿物理游乐园的向导，它带领小艾和天天学习了很多电磁方面的知识。

煤油灯

在学会利用电之前，人们用蜡烛或者煤油灯来照明。

弧光灯

首先用电来照明的是弧光灯（发明于1809年，后又不断被改进，电弧发光，相当于人造的持续小闪电）。

白炽灯

改变了世界的白炽灯（发明于1879年，后又不断被改进，电流使灯丝发热，炽热的灯丝发光）。

荧光灯

家里的日光灯、节能灯一般都属于荧光灯（发明于1938年，后又不断被改进，比白炽灯更节能，但不太环保）。

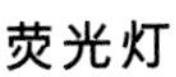

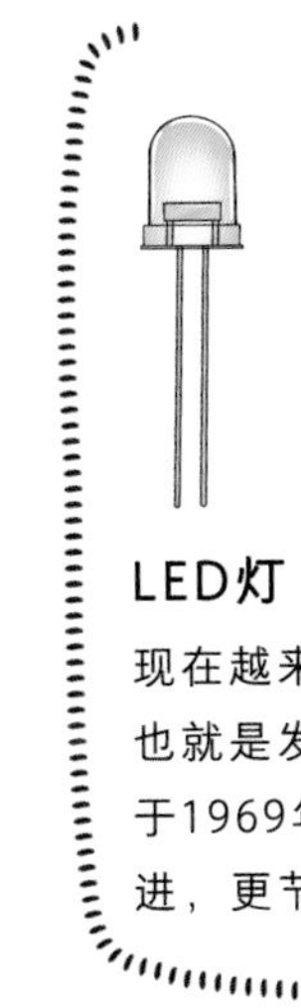

LED灯

现在越来越流行的LED灯，也就是发光二极管（发明于1969年，后又不断被改进，更节能、更环保）。

目录

成为小小物理学家的第五步

总结规律

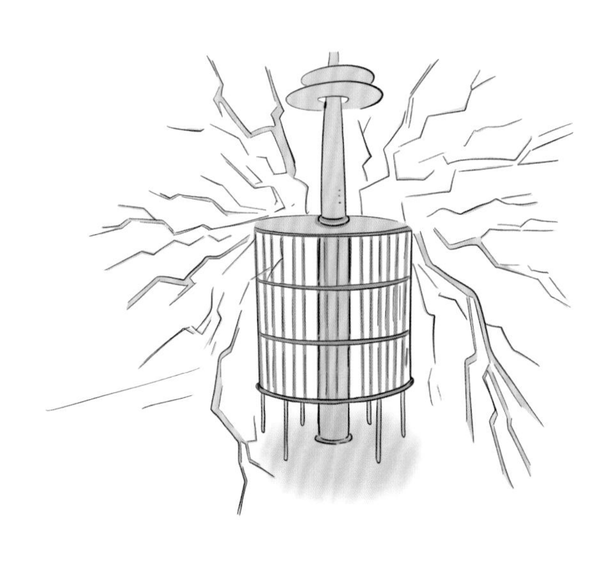

星期六的上午，
家里突然停电了……
万岁！冰箱里的雪糕要化了，赶紧拿出来吃吧！
哎呀！停电了，看来今天只能休息了！

万岁！抽油烟机也
不能工作了，今天咱们
出去吃吧！
你们可真是……

到了晚上，家里来电了……
哎！怎么不继续停电呢？天天，你说电是从哪儿来的呀？
发电站呀！
那发电站的电又是从哪儿来的呢？
你把我问住了。电到底是怎么来的呢？
你们的问题我知道！

不用问，你一定是小牛顿物理游乐园的向导吧！？
嗯嗯！我是小牛顿物理游乐园中电磁馆的向导——小灯泡。
电磁馆？快点儿带我们去参观参观吧！
你们还是先把作业写完吧！写完作业后，还有一道思考题等着你们去解答呢！

思考题：小朋友们请找找看，天天和小艾的家里有哪些需要用到电的东西？家里停电后，哪些电器不能工作了，哪些暂时还能用？其中又有什么规律？别忘了，“总结规律”可是成为小小物理学家的第五步哟！
冰箱
电视机
空调
微波炉
洗衣机
抽油烟机
电灯
平板电脑
手机
台式电脑
遥控器
遥控玩具汽车

知识大汇总

小朋友们，现在你们是不是特别好奇电到底是从哪里来的？在解答这个问题前，我们先来了解一下电都能干什么吧！

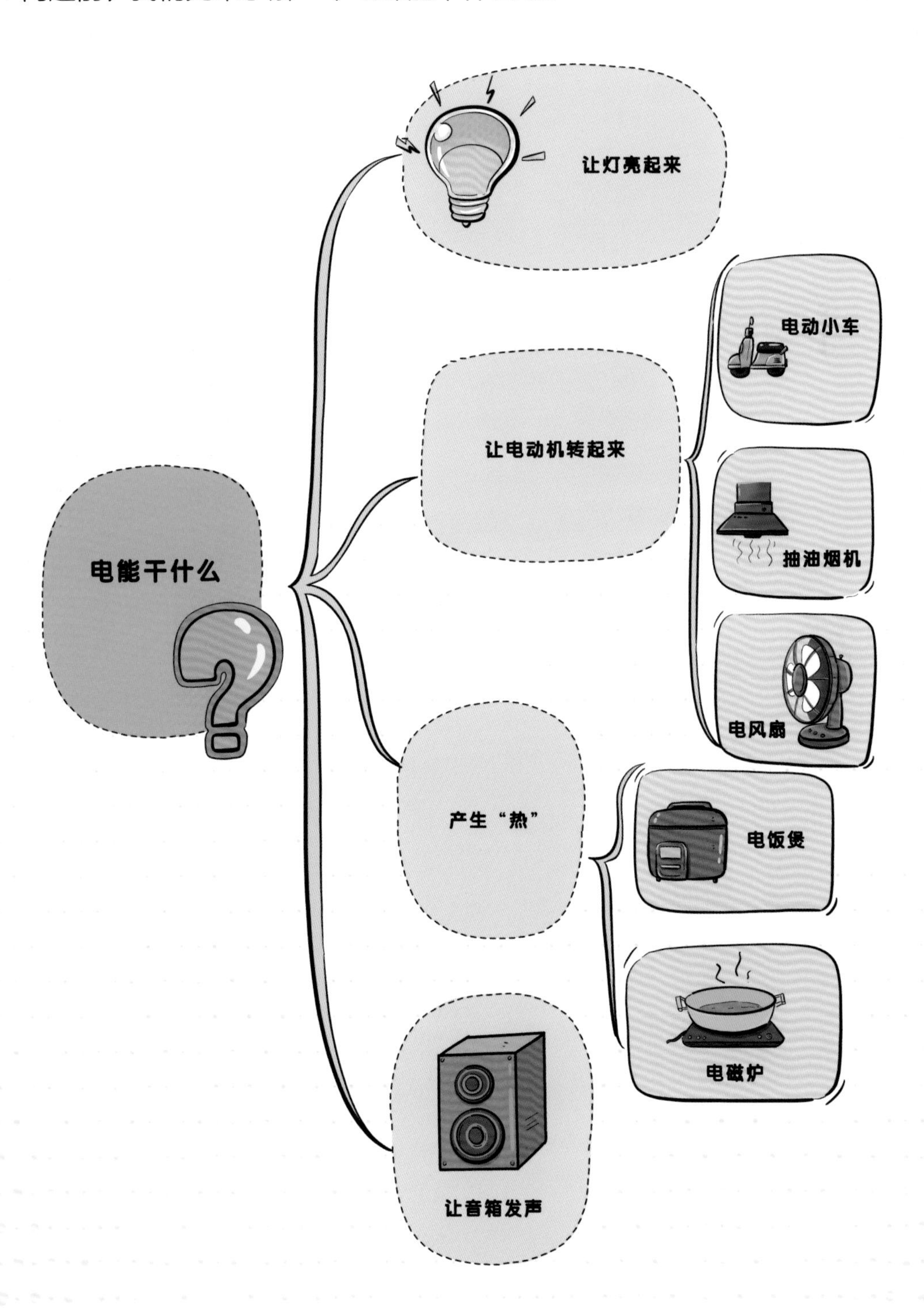

小朋友们，书本的最后同样设置了奖励徽章，表彰你们积极探索、努力学习的精神。继续努力吧！相信你们一定可以做得到！

爱捉迷藏的“电”

（电的产生）

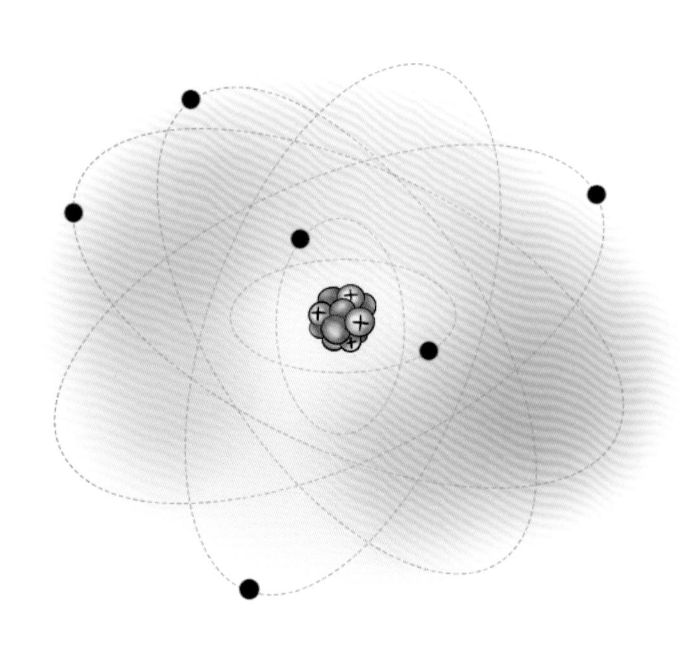

第二天，小艾和天天来到了
小牛顿物理游乐园。
电磁馆
这里就是
电磁馆吧？！
是的，欢迎来到
电和磁的世界！
电和磁？为什么
要把它俩放一起呢？

一进入电磁馆，
小艾和天天就遇
到了一个奇怪的
大家伙……
缩小模拟舱
这是“缩小模拟舱”，
它能带我们进入微观世界。
它能告诉我们电
到底是从哪里来的吗？
太酷了！真的能
把我们的身体变小吗？？？

小艾和天天跟随小灯泡
进入了“缩小模拟舱”
内部……
身体缩小模拟舱
你们想缩小
到原来的多少
分之一呢?
咦!好可爱
的小灰兔啊!
咱们慢慢来,
先缩小到1/1000吧!

缩小中……

不一会儿，
舱室安静了
下来。
原身高1.4米，
现身高1.4毫米
这是哪儿呀？
我们不会是在小兔子
的绒毛里吧？
兔毛直径为0.01~0.1毫米不等
没错！咱们
继续缩小
看看吧！
已缩小到原来的1/1000

继续缩小
……

舱室再次
安静了下来。
原身高1.4米，
现身高1.4微米
这回我知道，
这些是细胞！
人、兔子、小草都是由
大量微小的细胞组成的
咱们继续
缩小吧！
那就再
缩小！！！
已缩小到原来的1/1000000

第三次缩小……

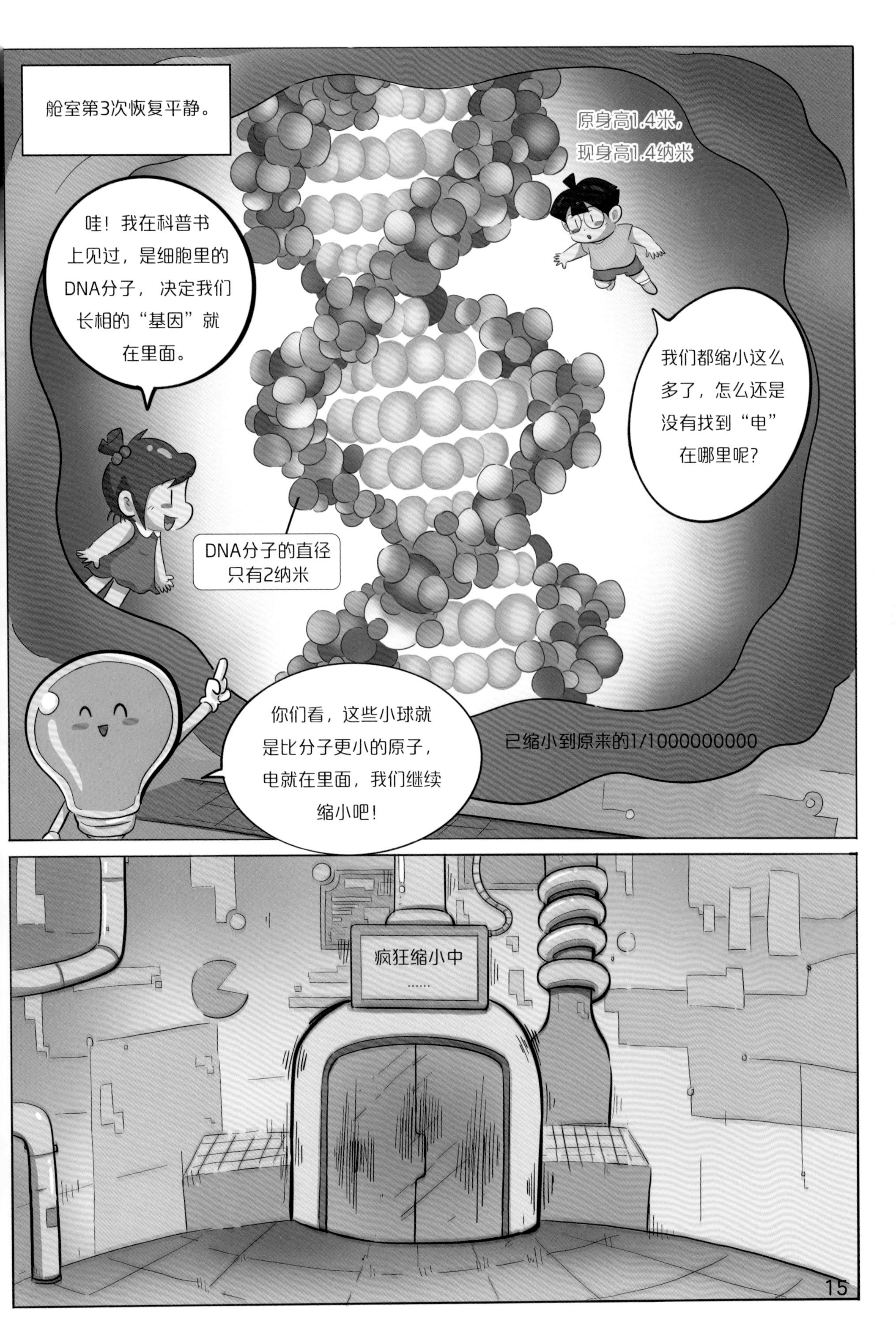
舱室第3次恢复平静。
原身高1.4米，
现身高1.4纳米
哇！我在科普书上见过，是细胞里的DNA分子，决定我们长相的“基因”就在里面。
我们都缩小这么多了，怎么还是没有找到“电”在哪里呢？
DNA分子的直径只有2纳米
你们看，这些小球就是比分子更小的原子，电就在里面，我们继续缩小吧！
已缩小到原来的1/1000000000
疯狂缩小中
……

舱室又又又
恢复了平静。
已缩小到原来的
1/1000000000000000
每个碳原子的原子核都由6个质子、6个中子组成，
每个质子、中子的大小约0.84飞米
电子？终于要
找到“电”啦！
原身高1.4米，现身高1.4飞米
这是原子中心的内核——
原子核，它的体积仅是原
子的十万分之一。
原子
体积为原子十万
分之一的原子核
在原子核周围
游荡着更小的
电子
碳12原子结构图
原子核里的
这些小球又
是什么呢？

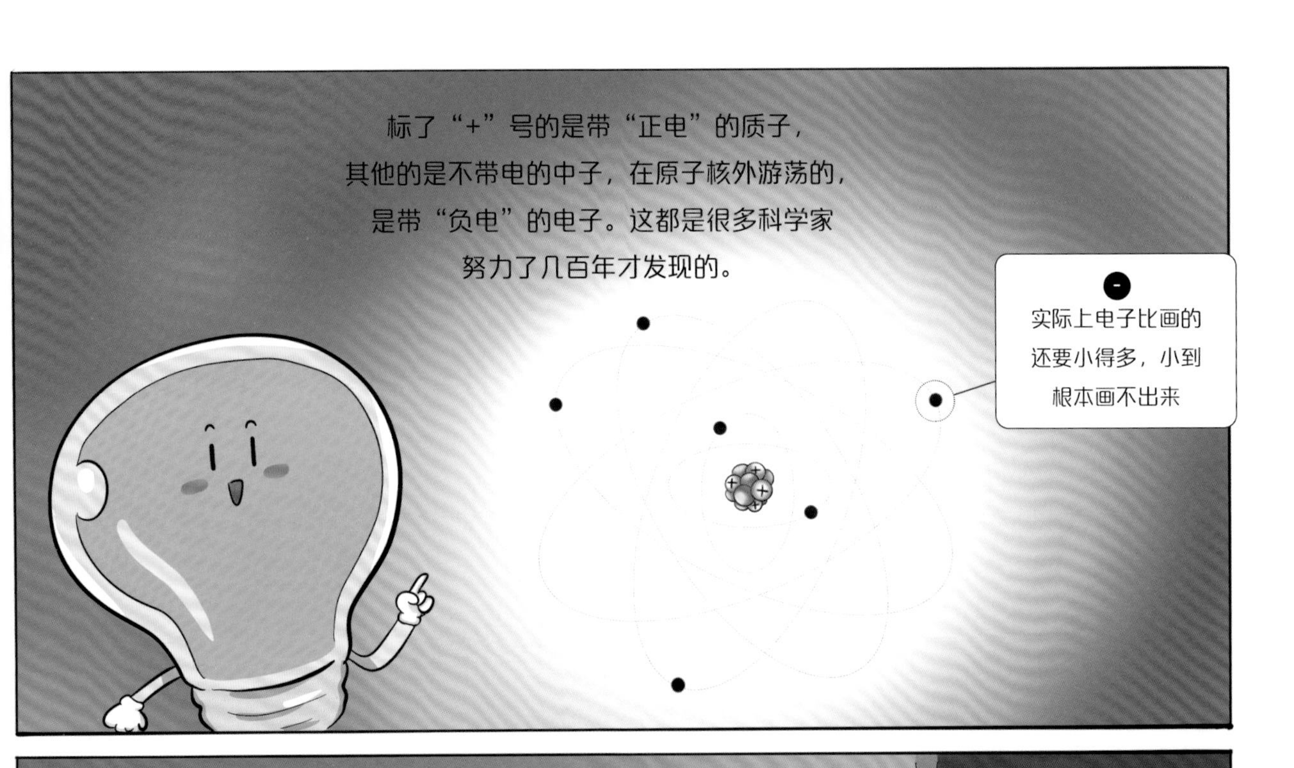

思考题1：组成万物的微小原子里有带电的质子和电子，但我们为什么感觉不到被电呢？

思考题2：你们知道是谁把“电”规定为“正”和“负”的吗？（提示：有一个关于他放风筝的科学故事。）

完成这两道思考题，就可以获得第1枚徽章“正电和负电”啦！

小朋友们，现在你们知道电藏在哪里了吗？电特别喜欢跟我们“捉迷藏”，不过，只要我们多学习、多思考，就不难发现它的踪迹。

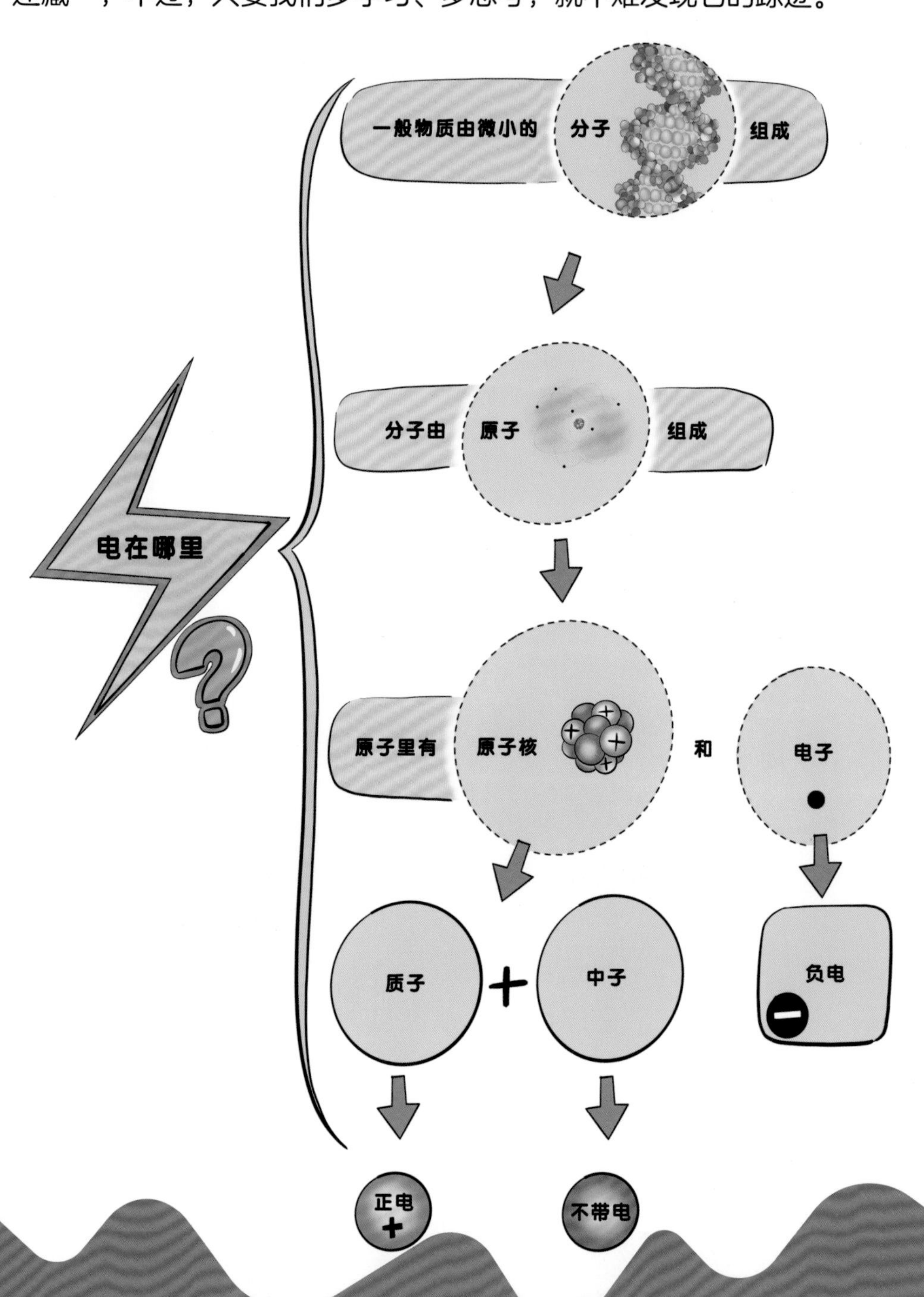

02

让头发飘起来

（摩擦起电）

从缩小模拟舱出来后，小艾和天天又有了新的疑问。
原来“电”都藏在原子里了啊！而且原子到处都是。
虽然到处都有“电”，但怎样才能感觉到它的存在呢？
只要把“正电”和“负电”分开，就能显现出“电”的威力啦！
正负电均匀混合
放心，我们不会电人。
把正负电分开后
小心！我们能电你！
我们也能电你哟！

那怎样才能把正、负电分开呢?
还是让它们待在一起比较安全!
我们现在来做一个小小的起电实验吧!放心，不会电伤你们的。
起电小实验
实验用品
塑料尺或塑料梳子
碎纸屑
你摩擦你自己的呀!
实验步骤
第一步：用塑料尺摩擦头发，或其他毛皮，不妨多反复摩擦几次。
注意：不要太用力，安全第一!
第二步：用这个塑料尺被摩擦过的部分，去靠近但不接触碎纸屑，观察现象。
小朋友们，你们也来做一做这个简单的实验吧!

你看！尺子上有纸屑！
我也要试一试。
刚才尺子和纸屑也
没有挨着啊！难道是
尺子把纸屑给吸上来了？
没错！摩擦后的塑料尺会带“电”，
而“电”的威力之一就是吸引
轻小的物体！
在干燥的环境中操作，
成功率会更高！

科学史小知识
两千多年前的古代，
东方和西方的学者们都
发现：一些东西被摩擦后，
就具有了吸引碎屑的
神奇能力。
古希腊学者摩擦琥珀
吸引碎屑
西汉学者摩擦玳瑁（一种龟壳）
吸引碎屑
英语中的“电——electricity”一词，
就源于古希腊语中的“琥珀”一词

小艾，你的头发怎么
飘起来了？
因为被摩擦后的头发也带上
了“电”，而电的另一个威力
就是产生排斥力！
电怎么一会儿吸引，
一会儿又排斥呢？
好问题！你们还
记得正电和负电吗？
记得！在组成物质的原子
里有原子核和电子，原子核
带正电，电子带负电。

1.
2.
3.
科学家发现：不同种的电之间会相互吸引，而同种的电之间却相互排斥。
怪不得电子（负电）总是在原子核（正电）的周围呢！原来是被吸住了呀！
塑料尺一开始没电（不能吸引纸屑），可为什么摩擦后就有电（能吸引纸屑）了呢？
这个问题有些难度，且听我慢慢道来……
要听要听！我们不怕难！

思考题1：头发和塑料摩擦，可以起电，但小艾用双手相互摩擦，就无法起电，这是为什么呢？

思考题2：日常生活中，你们见过哪些摩擦起电的现象？

完成这两道思考题，就可以获得第2枚徽章“摩擦起电”啦！

小朋友们，通过这节的学习，我们了解了电有正电和负电之分。当正负电均匀混合时，整体不带电；当把正负电分开之后，电的威力就显现出来了。此外，科学家们还发现了一个神奇的规律：同种电之间相互排斥；不同种的电之间相互吸引。接下来让我们一起总结一下本节的知识点吧！

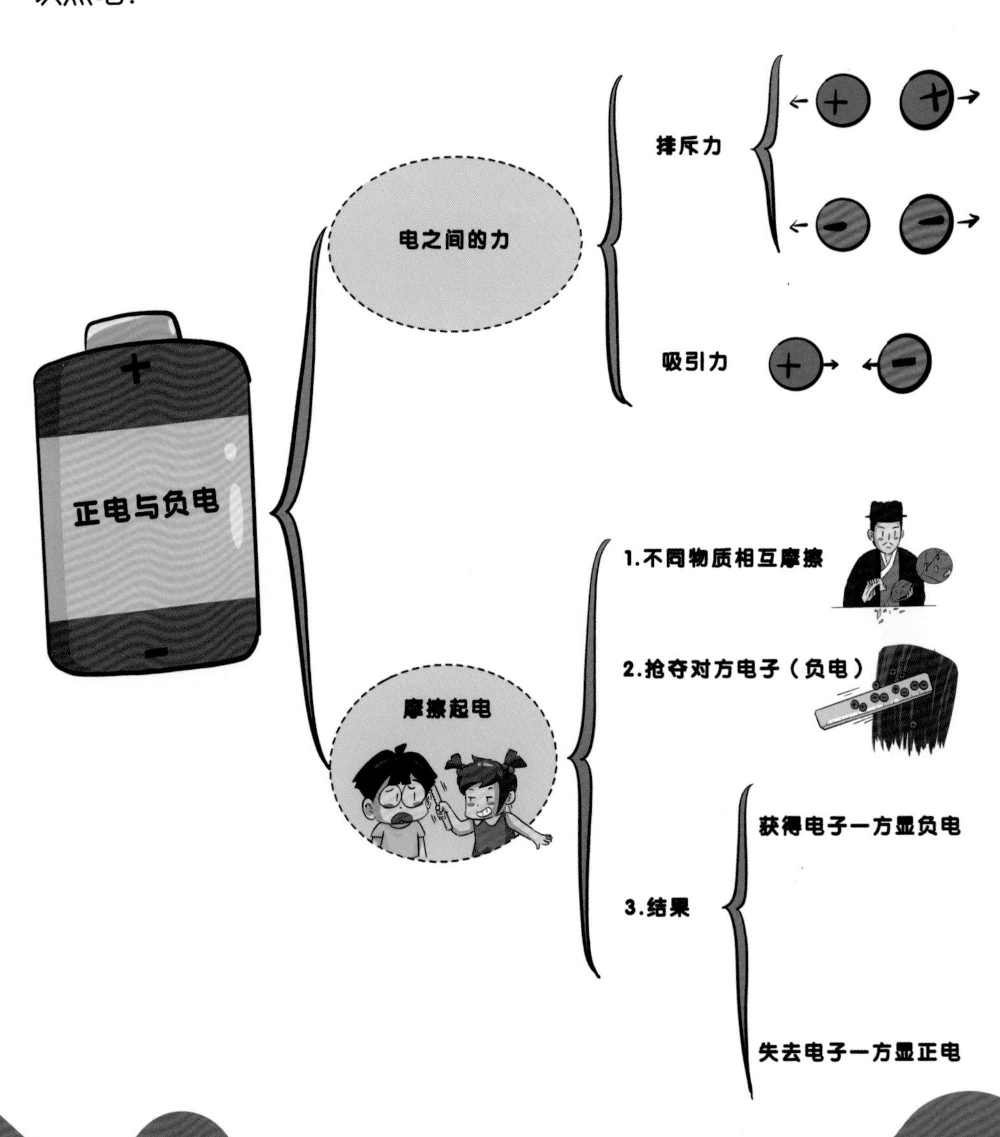

电是通过什么传递的
（导体和绝缘体）

刚才的
摩擦起电
可真好玩！
摩擦起电
还能干什么呢？
科学家们还靠
摩擦起电发现
了电学新现象，
你们看……
1729年
长长的导线
铜球
吸引羽毛
英国科学家
格雷

用干布摩擦玻璃管
一定是摩擦玻璃管起了电，才使得铜球能够吸引羽毛！
摩擦出的电是顺着线绳跑到铜球上的吗？
大约300年前，英国科学家格雷发现了“电传导”现象。
把电从一个地方传导向其他地方

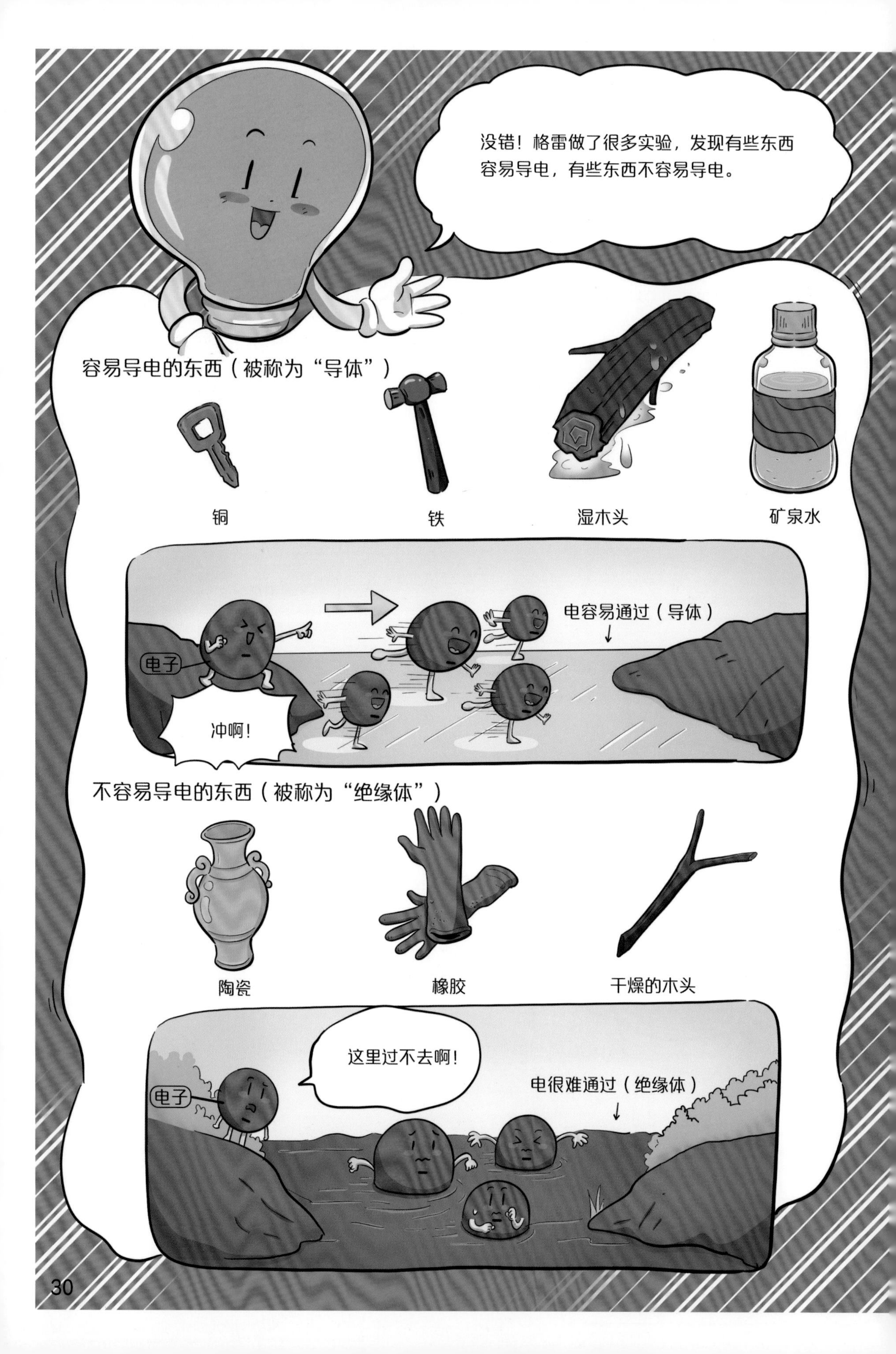
没错！格雷做了很多实验，发现有些东西容易导电，有些东西不容易导电。
容易导电的东西（被称为“导体”）
铜
铁
湿木头
矿泉水
电容易通过（导体）
电子
冲啊！
不容易导电的东西（被称为“绝缘体”）
陶瓷
橡胶
干燥的木头
这里过不去啊！
电很难通过（绝缘体）
电子

那高高挂着的电线里面都是导体对吧？
还有家里电器的电线，
里面肯定也是导体！
电线的横断面
没错！电通过这些导体，从发电站流进千家万户，再从
插座里流进各种电器中。
思考题1：小朋友们猜一猜，关于哪些东西导电，哪些东西不导电，
格雷研究了多长时间？三天？三个星期？三个月？三年？
思考题2：科学课上老师说：“绝对不能用湿抹布擦插座！”想一想
这是为什么？
完成这两道思考题，就可以获得第3枚徽章“导体和绝缘体”喽！

小朋友们，现在你们知道哪些物体能够导电，哪些不能导电了吗？赶快想一想，看看你们还能不能找出更多的导体来。

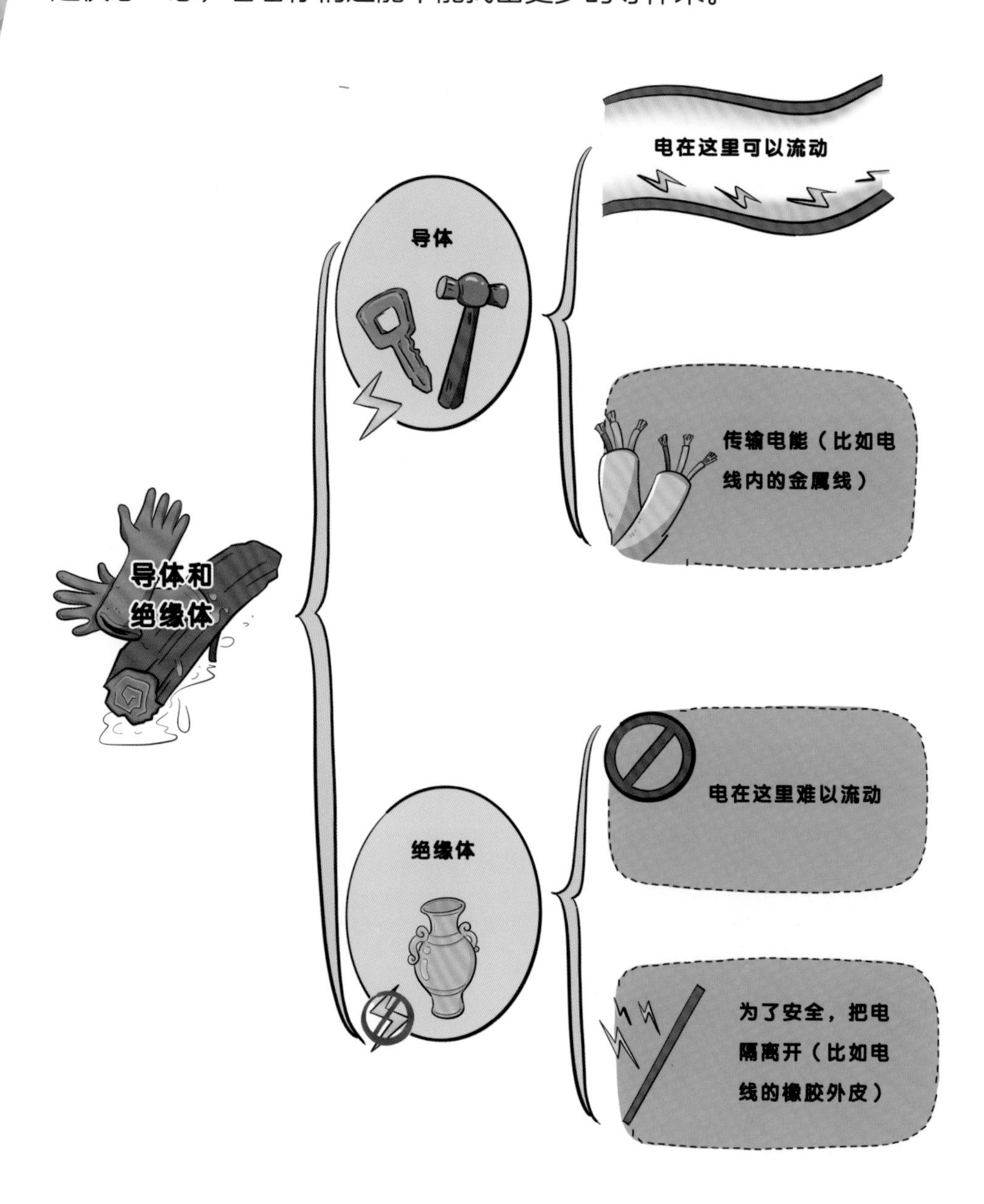

超酷的起电装置和储电装置

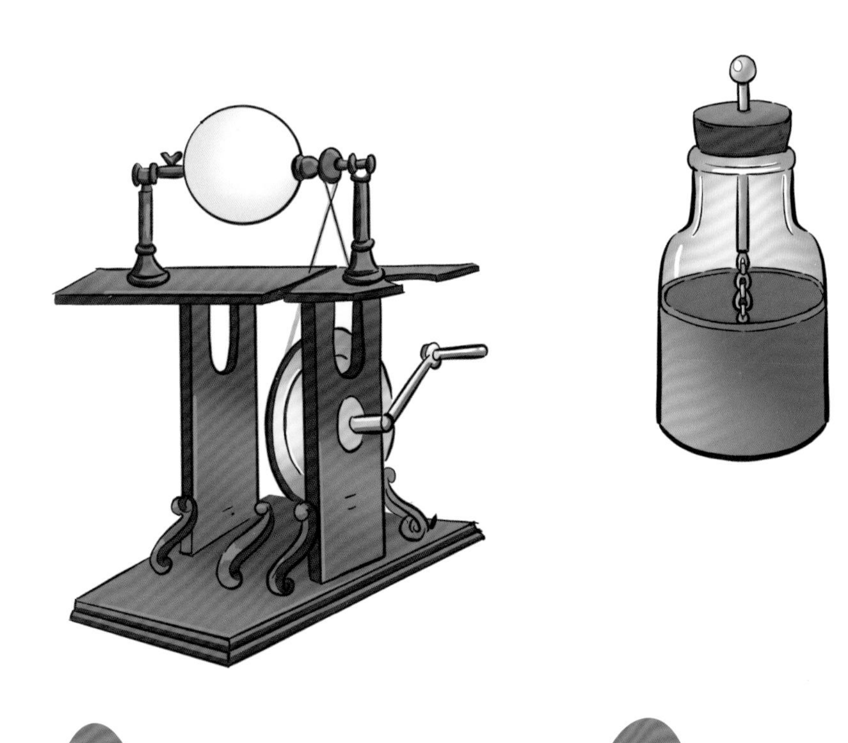

这是什么呀?
这是摩擦起电机，1660年左右，德国的格里克发明了它。
硫黄球
支架
手柄
转轴
感觉这个机器有点儿简陋啊!
感觉手会很疼。

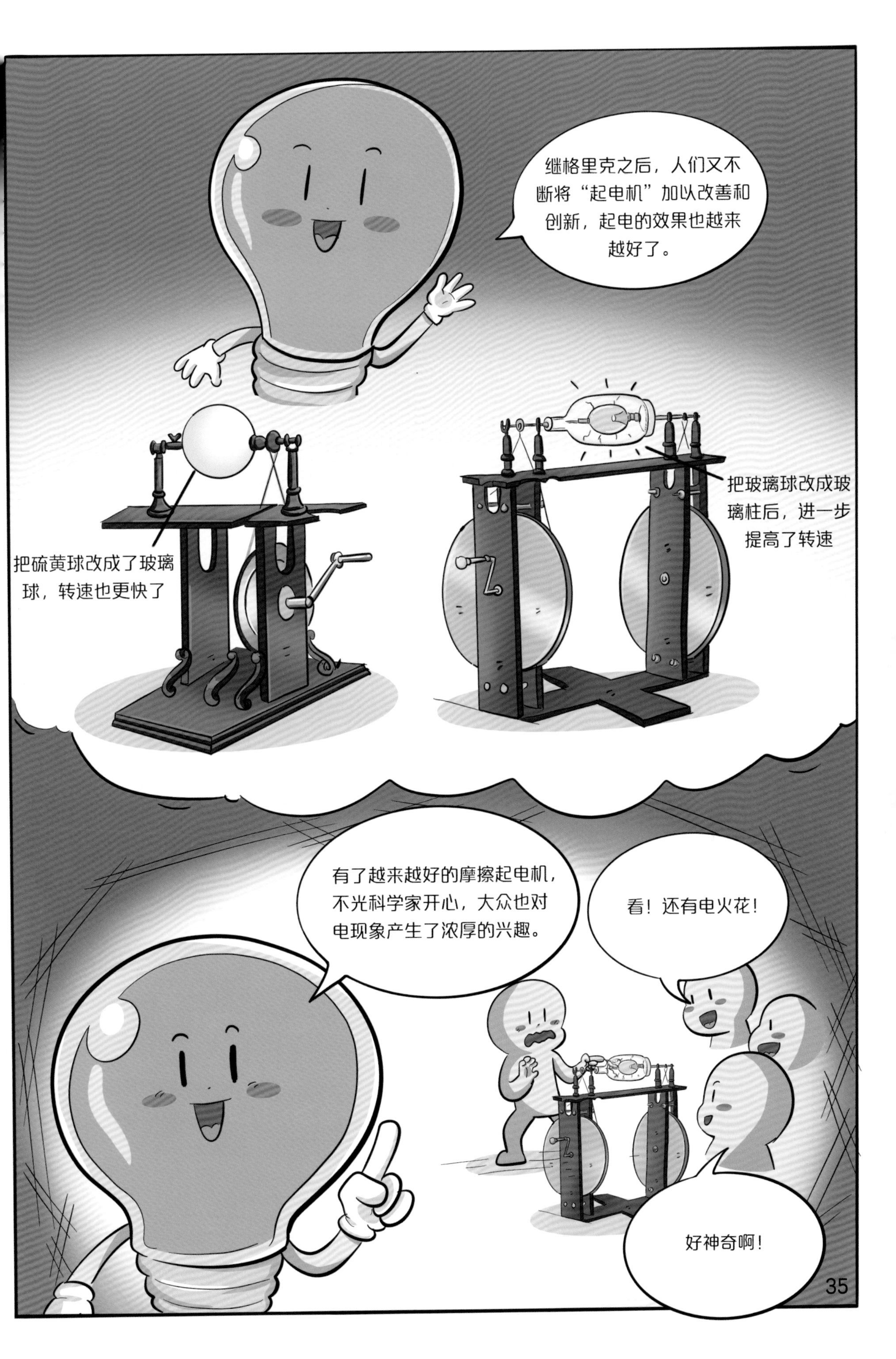
继格里克之后，人们又不断将“起电机”加以改善和创新，起电的效果也越来越好了。
把硫黄球改成了玻璃球，转速也更快了
把玻璃球改成玻璃柱后，进一步提高了转速
有了越来越好的摩擦起电机，不光科学家开心，大众也对电现象产生了浓厚的兴趣。
看！还有电火花！
好神奇啊！

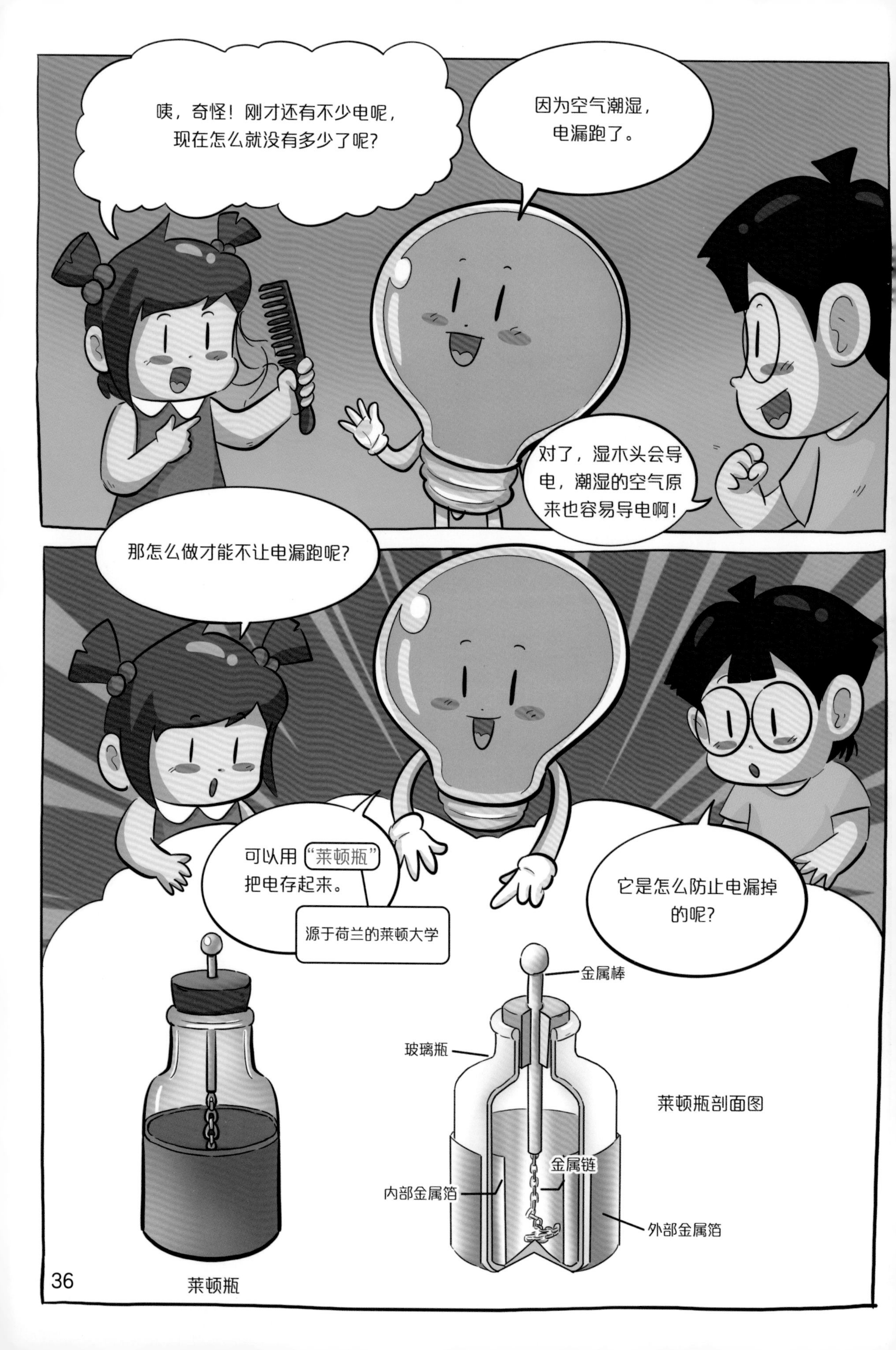

咦，奇怪！刚才还有不少电呢，现在怎么就没有多少了呢？
因为空气潮湿，电漏跑了。
对了，湿木头会导电，潮湿的空气原来也容易导电啊！
那怎么做才能不让电漏跑呢？
可以用“莱顿瓶”把电存起来。
源于荷兰的莱顿大学
它是怎么防止电漏掉的呢？
金属棒
玻璃瓶
莱顿瓶剖面图
金属链
内部金属箔
外部金属箔
莱顿瓶

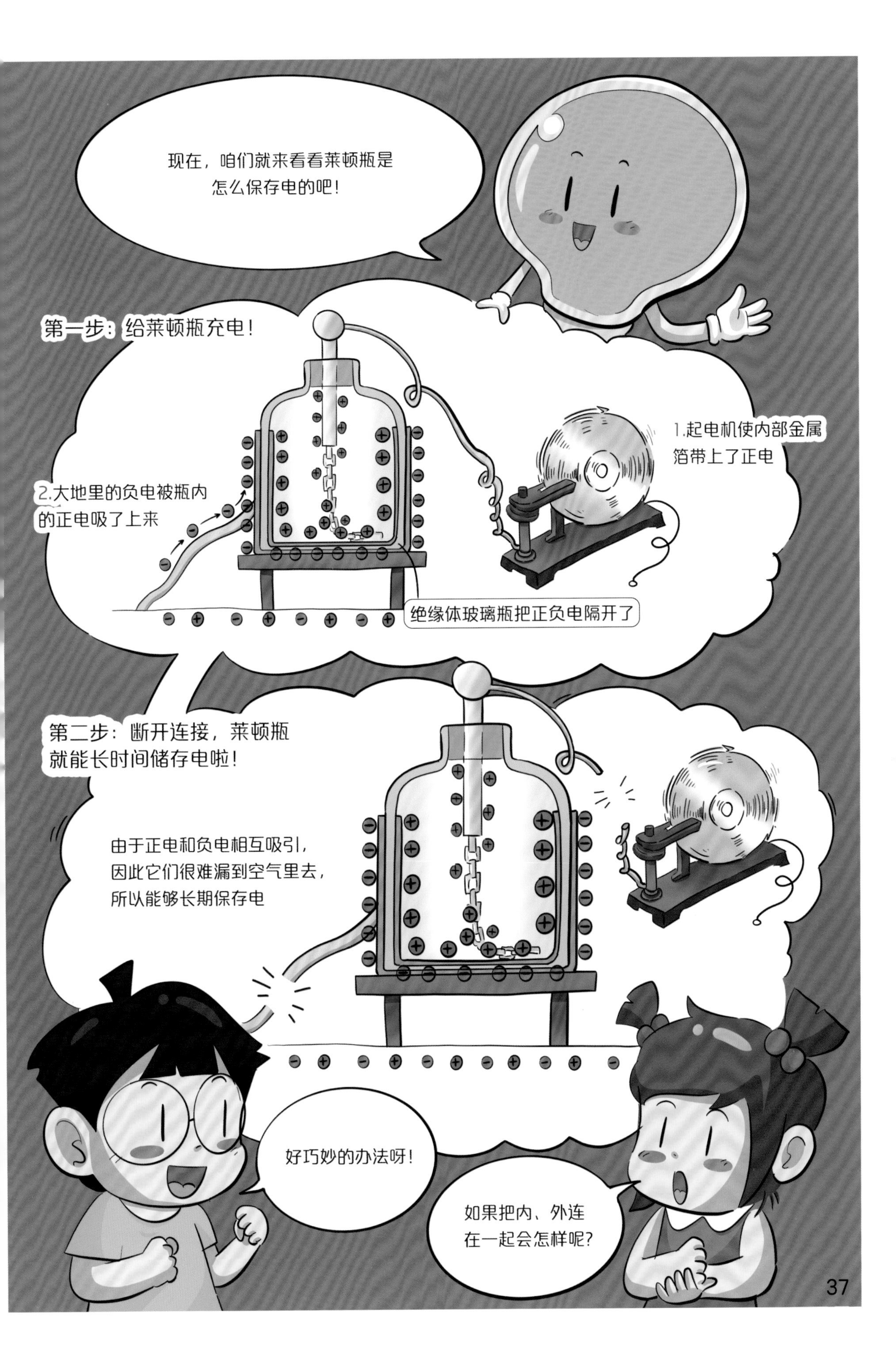
现在，咱们就来看看莱顿瓶是怎么保存电的吧！
第一步：给莱顿瓶充电！
1.起电机使内部金属箔带上了正电
2.大地里的负电被瓶内的正电吸了上来
绝缘体玻璃瓶把正负电隔开了
第二步：断开连接，莱顿瓶就能长时间储存电啦！
由于正电和负电相互吸引，因此它们很难漏到空气里去，所以能够长期保存电
好巧妙的办法呀！
如果把内、外连在一起会怎样呢？

如果用导体把内、外连起来，就会放电！很危险！
1.正负电相互吸引
2.又有了能导电的通道（人体）
3.于是电就流过了人体（电太强的话，可能会导致人死亡，所以一定要小心用电）
发明莱顿瓶的科学家米欣布鲁克曾写信给他的好友说："我做了一个可怕的实验，我以为自己要完蛋了，你最好不要尝试。"
不过可怕的莱顿瓶并没有吓退科学家，他们反而利用莱顿瓶做了更多实验。

莱顿瓶和180个士兵的实验
准备给莱顿瓶充电
充好电的莱顿瓶放出可怕的电流（流动着的电），还好有很多人一起分担
能够保存电的莱顿瓶好厉害！
是啊！但在生活中为什么没有见过它呢?
其实绝大多数的电器里都少不了它，咱们把这个问题留作思考题吧！
思考题：很多电器设备中必不可少的元件“电容”（用来储存电的容器）就源自“莱顿瓶”。请根据莱顿瓶的原理猜猜看，最简单的电容，其结构大概是什么样子的?
完成这道思考题，就可以获得第4枚徽章“超酷的莱顿瓶”喽！

小朋友们，通过本节的学习，我们认识了两种超酷的装置——起电机与莱顿瓶，前者能够产生电，后者能够储存电。现在，我们一起来总结一下本节的知识点吧！

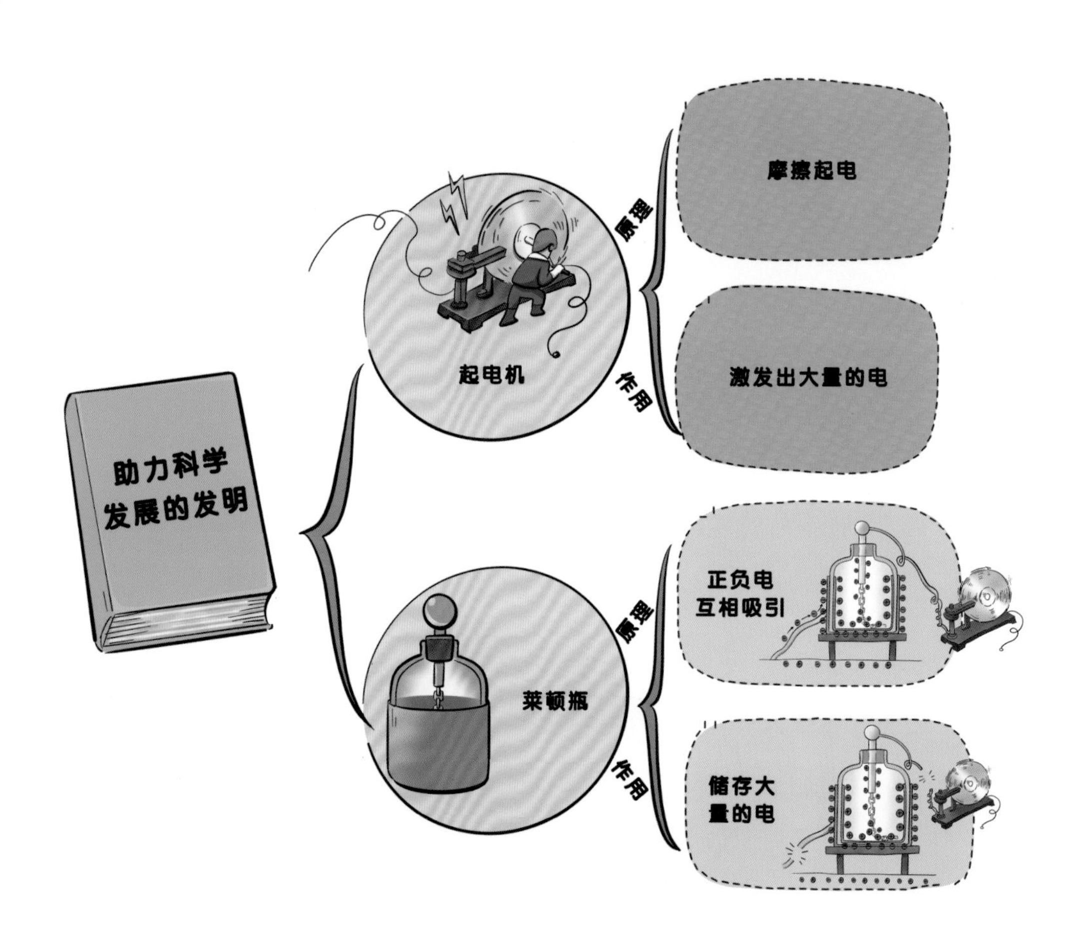

让电跑起来
（电源与电路）

咦！这又是什么？
比莱顿瓶还奇怪。
这是两百多年前的
电池——伏打电堆。
伏打？这是个人名吗？
伏打是一位意大利科学家，大约在1799年，他发现……
锌片
铜片
银片
铜片
两种不同的金属在一定条件下接触，其中一端就会带上正电，
而另一端会同时带上负电
哇！这要比摩擦起
电方便多了！

我也是在前人的基础上才发现了这一神奇的现象，两片金属产生的电太微弱了，但如果把这些金属片摞起来，就能激发出更多的电了。
银片
用盐水浸湿后的纸板
锌片
伏打电堆
意大利科学家伏打
现代电池
（干电池、蓄电池等）
后来，伏打电堆又被不断改进，最终演变成了我们现在使用的电池

电池能稳定地产生电，大大地方便了科学家的电学研究。
电动玩具车里有电池，电动玩具车的遥控器里也有电池。
也方便了我们！

对了，除了电池，
电动玩具车里还
藏着什么呢?
我查过电动玩具车
的电路图，超级复
杂呢!
的确很复杂，不过
咱们可以从最简单
的“电路”开始!
最简单
的电路
提供电的电源
决定通或断的开关
传导电的导线
使用电的用电器（这是“电动机”，通电后
转轴转动，最终带动车轮转动）

让电从电池跑到
电动机里，只需
要这样就行了吧？
电池正极
电动机工作
电在跑
1.电需要不断地跑进去、
跑出来，电动机才能够
正常工作
电动机停止工作
电不跑了
2.如果只有单程线，没有
回路，电就会跑进死胡同
里造成“堵车”，既跑不
进去，也跑不出来，
电动机就不能工作了
要想让电器持续工作，就需要
让电不断地跑起来。如果电路
有去无回，就会“堵车”，电
器也就无法工作了。

哦！我明白了，这样的电路
可以让电绕圈跑，不堵车！
跑起来的“电”能让电器工作
电池正极
电池负极
电池能让“电”跑起来
没错，这就叫作“回路”，
这样才能让电路正常工作。
对了，电动玩具车
还得有车灯吧！

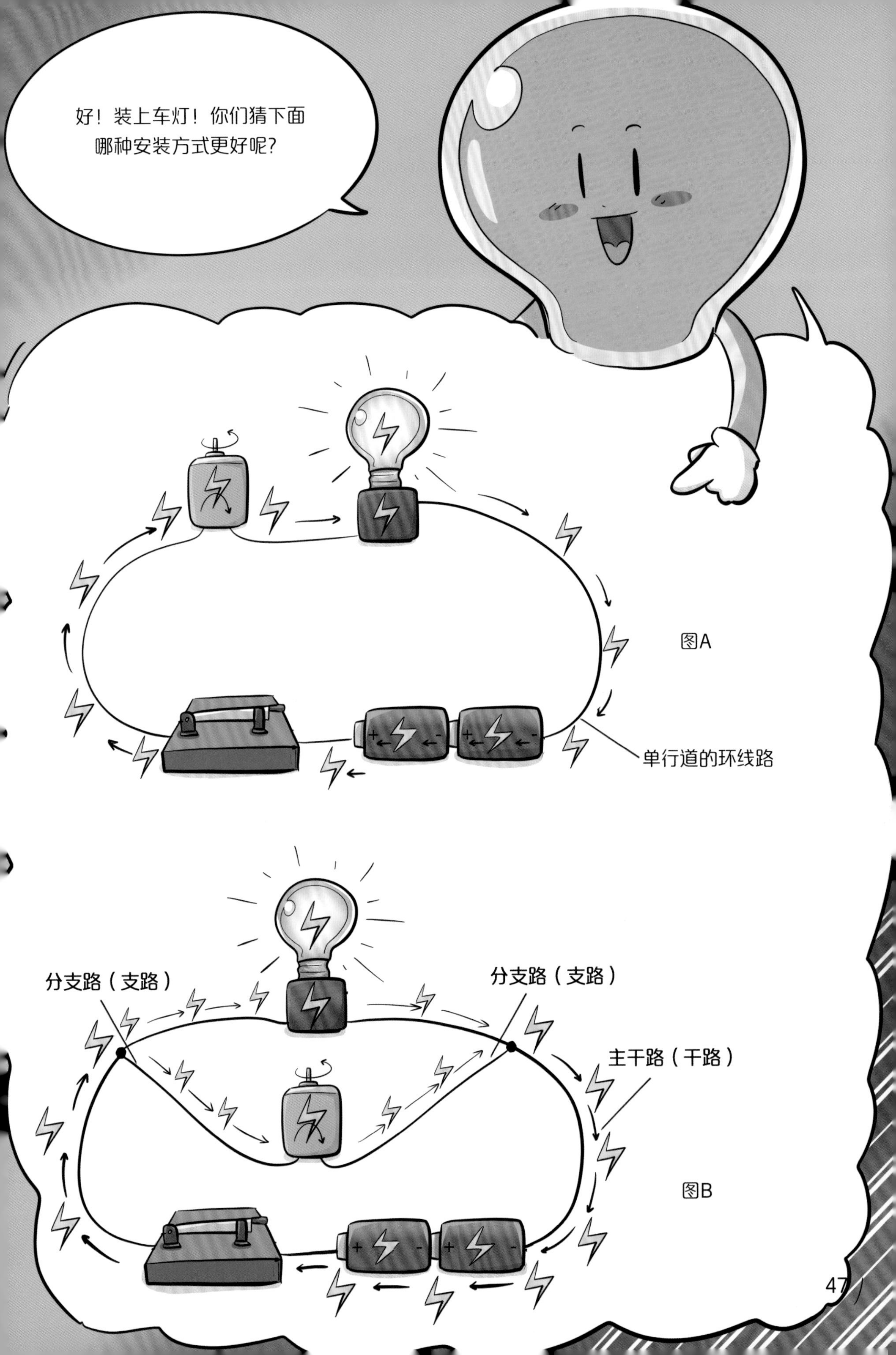
好！装上车灯！你们猜下面
哪种安装方式更好呢？
图A
单行道的环线路
分支路（支路）
分支路（支路）
主干路（干路）
图B

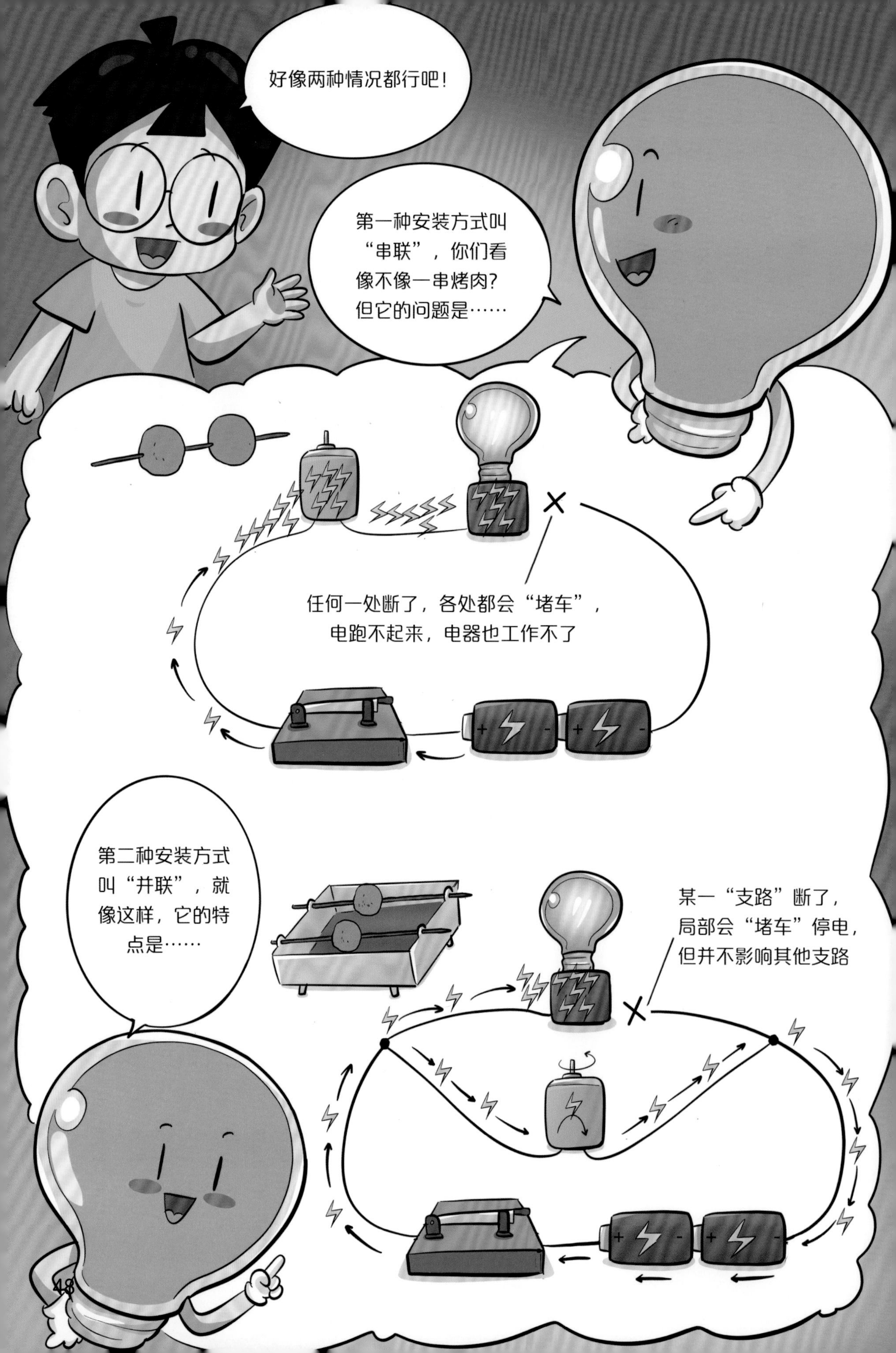

好像两种情况都行吧!
第一种安装方式叫“串联”，你们看像不像一串烤肉?但它的问题是……
任何一处断了，各处都会“堵车”，电跑不起来，电器也工作不了
第二种安装方式叫“并联”，就像这样，它的特点是……
某一“支路”断了，局部会“堵车”停电，但并不影响其他支路

那看来还是并联好！
是啊！并联的话，如果只是车灯坏了，车还是可以跑起来的。
没错！串、并联各有各的特点，更复杂的电路就是建立在它俩的基础上的。
思考题1：家里的电池没电了，该怎么处理这些废电池呢？
思考题2：家里的电路都藏在墙里了，请试着通过观察和思考，推理出家中的各类电器到底是串联的，还是并联的。
小朋友们赶快想一想，完成这两道思考题，就可以获得第5枚徽章“奇妙的电路”啦！

知识大汇总

小朋友们，通过本节的学习，我们发现要想让机器动起来，光有电源还不行，还得想办法让电持续不断地跑起来。如果电路有去无回，就会“堵车”，机器就没有办法转动了。生活中，有时我们需要同时启动多台机器，有时只需要启动一台机器，针对不同的需求，我们可以选择是用串联的方式连接电路，还是用并联的方式连接电路，这两种连接方式可是一切复杂电路的基础哟！

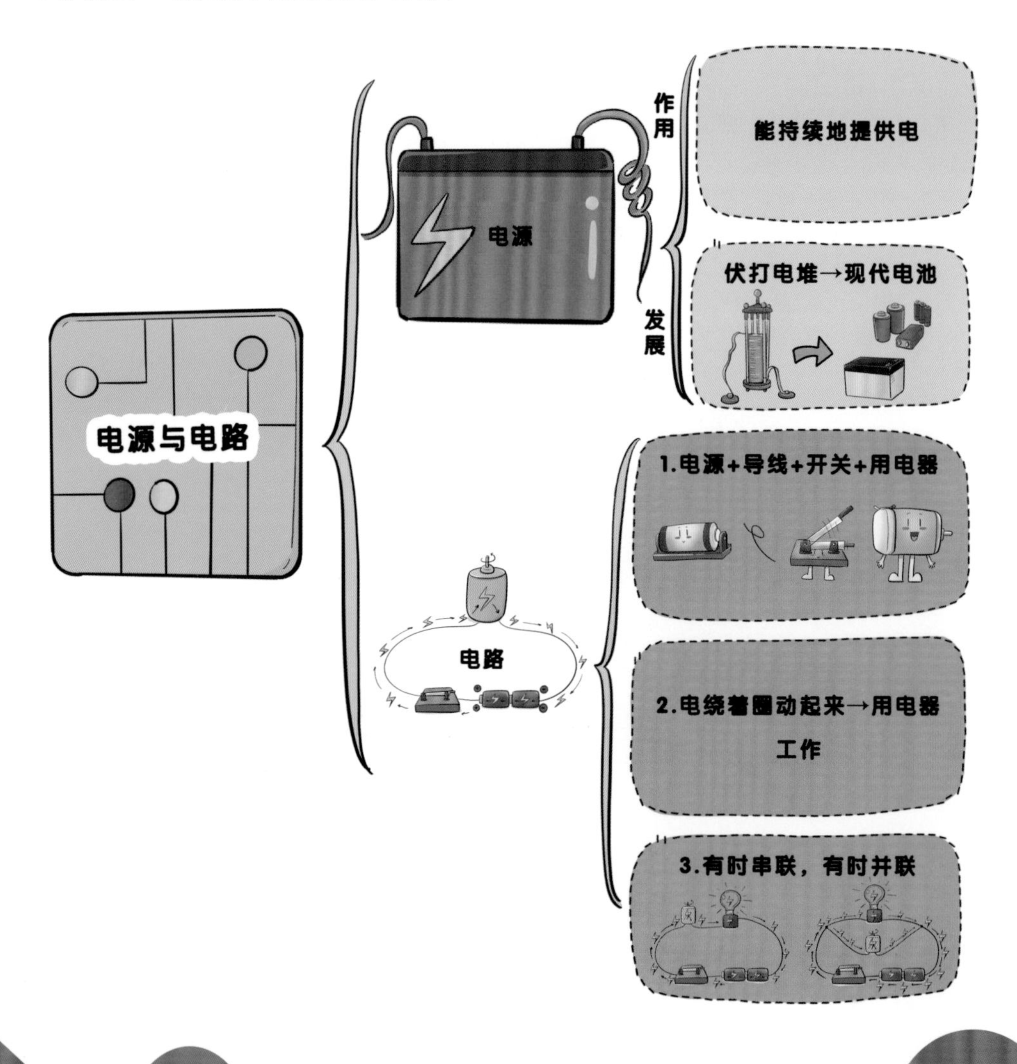

神奇的磁铁

（磁现象）

对了小灯泡，咱们这个馆为什么叫“电磁馆”呢？
电磁馆
电⇐⇒磁
是因为电和磁有什么关系吗？
电和磁确实有着非同一般的关系，你们知道哪些东西有磁吗？
家里的冰箱贴就是因为磁铁才吸在冰箱上的。
还有磁力球玩具也有磁，可好玩啦！
真棒！那我继续考考你们关于磁的一些事吧！

下面的实验，小朋友们可以找两块磁铁，
自己亲自试试哟！
实验一：用磁铁（吸铁石）
吸引以下物品，看看哪些
东西能被吸引？
S
N
磁铁A
不锈钢盆
铜壶
木头
S
N
磁铁B
实验二：观察磁铁，看看
它的两端有什么不同？
S
N
S
N
A.
S
N
S
N
实验三：分别将两块磁铁的两端依次靠近，
看看会有什么现象发生？
吸引？
排斥？
B.
S
N
N
S
C.
N
S
S
N

小朋友们，实验做完了吗？你们发现什么有趣的现象了？现在我要详细讲解啦，看看跟你们发现的一样吗？
S
N
吸引
S
N
S
N
吸引
S
N
无动于衷
磁铁能吸引含有铁、钴、镍元素的东西，不锈钢盆和磁铁里就有这些元素。
N
因为磁铁上的N端指向北方，所以叫北极
S
因为磁铁上的S端指向南方，所以叫南极
N（北）
（西）W
E（东）
S（南）
磁铁上有两个磁极，分别叫南极（S极）和北极（N极）。
磁铁的南北极和地球的南北极可不是一回事哟！
这就是指南针吧？
没错，指南针是带磁性的，所以它才能指出南、北。

思考题1：电和磁导致的引力和斥力都是不接触就能产生的力，你知道还有什么力也是物体不接触也能产生的吗？（解答这道思考题时一定要认真思考，然后再认真看答案，因为里面藏着一个非常神奇的物理秘密哟！）

思考题2：为什么带磁的小针（指南针）能指向南、北呢？

完成这两道思考题，就可以获得第6枚徽章“神奇的磁铁”啦！

知识大汇总

小朋友们，本节我们初步了解了一些有趣的磁现象，认识了两个磁极，明白了当两块磁铁的不同极相互靠近时，两块磁铁会相互吸引；而当两块磁铁的同极相互靠近时，两块磁铁会相互排斥。现在就让我们一起来完成本节的思维导图吧！

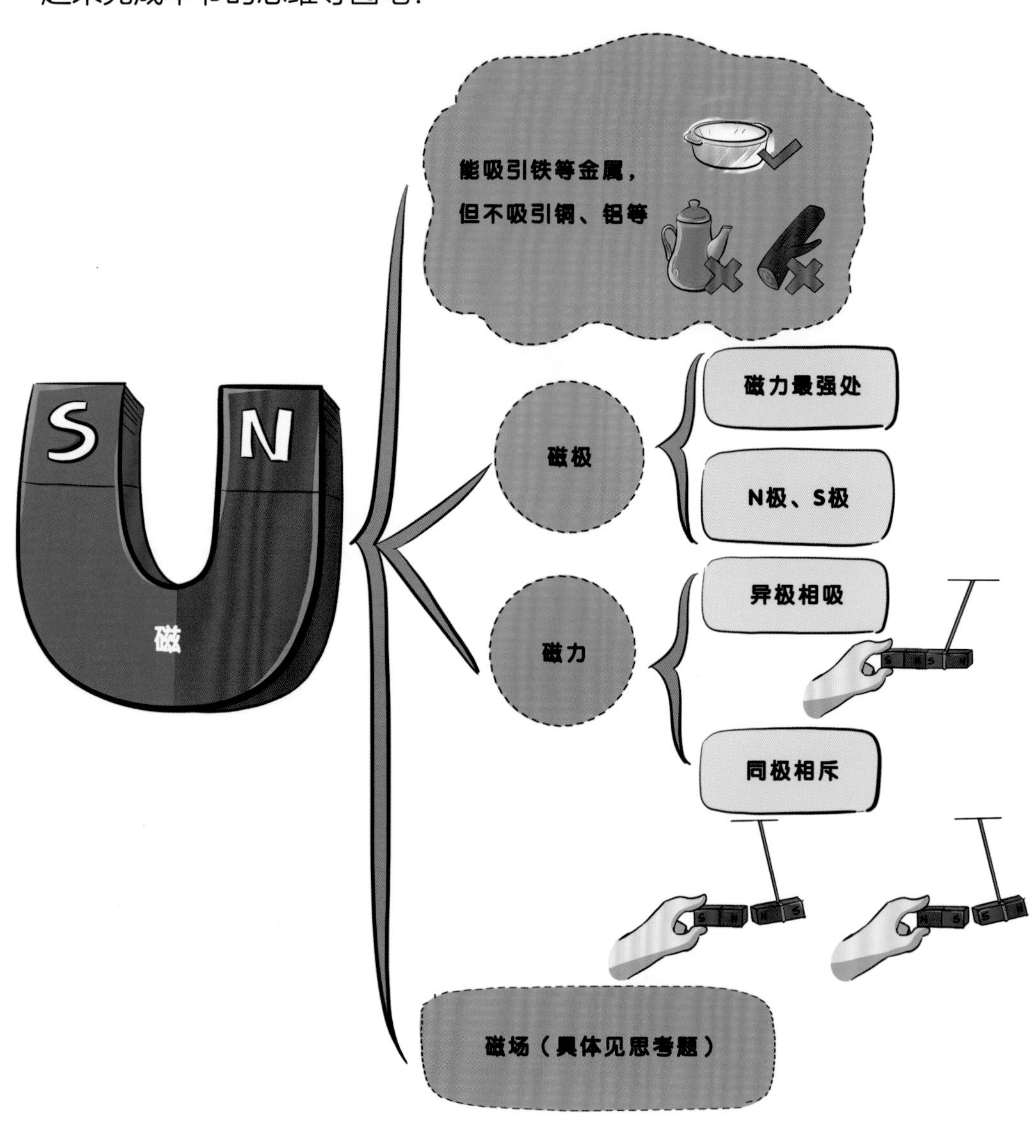

电和磁的奇妙关系 1

电能生磁

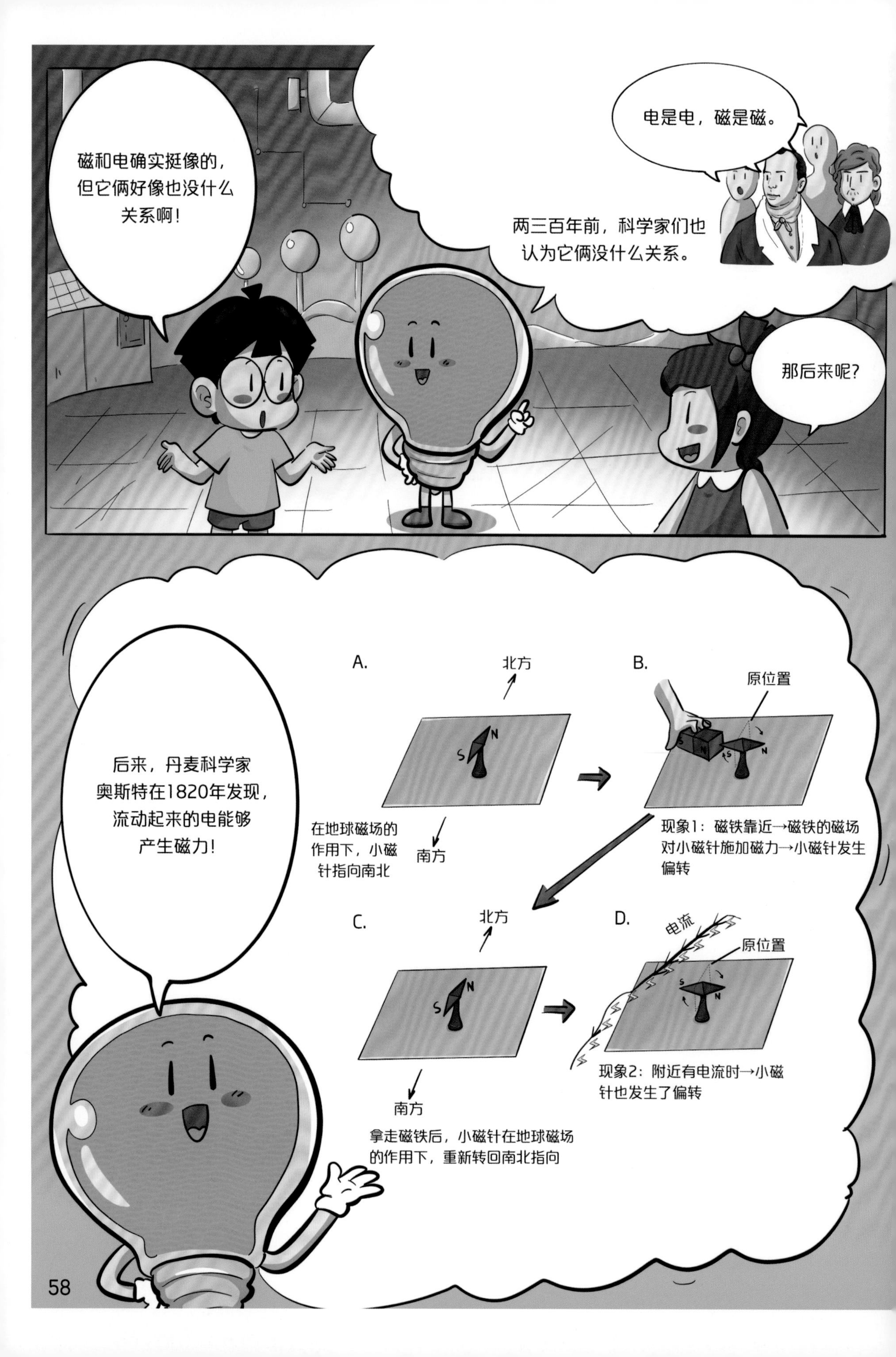
磁和电确实挺像的，
但它俩好像也没什么
关系啊！
电是电，磁是磁。
两三百年前，科学家们也
认为它俩没什么关系。
那后来呢？
后来，丹麦科学家
奥斯特在1820年发现，
流动起来的电能够
产生磁力！
A.
北方
S
N
在地球磁场的
作用下，小磁
针指向南北
南方
B.
原位置
现象1：磁铁靠近→磁铁的磁场
对小磁针施加磁力→小磁针发生
偏转
C.
北方
南方
拿走磁铁后，小磁针在地球磁场
的作用下，重新转回南北指向
D.
电流
原位置
现象2：附近有电流时→小磁
针也发生了偏转

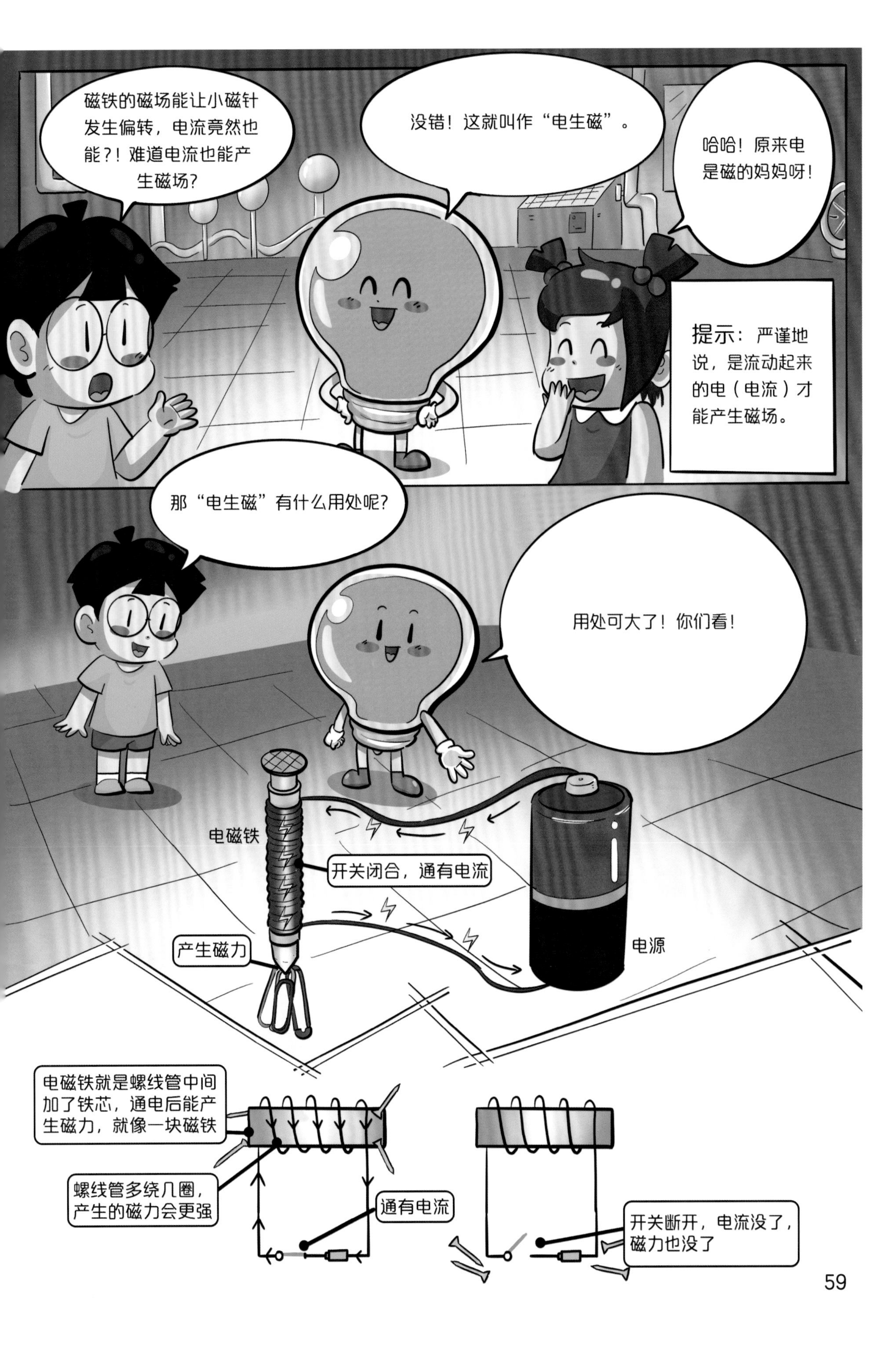
磁铁的磁场能让小磁针发生偏转，电流竟然也能？！难道电流也能产生磁场？
没错！这就叫作“电生磁”。
哈哈！原来电是磁的妈妈呀！
提示：严谨地说，是流动起来的电（电流）才能产生磁场。
那“电生磁”有什么用处呢？
用处可大了！你们看！
电磁铁
开关闭合，通有电流
产生磁力
电源
电磁铁就是螺线管中间加了铁芯，通电后能产生磁力，就像一块磁铁
螺线管多绕几圈，产生的磁力会更强
通有电流
开关断开，电流没了，磁力也没了

上课铃外观

上课铃内部实物图

① 通电→产生磁力→吸引衔铁带动小锤撞铃发声
② 开关断开→无电流→磁力消失→衔铁带着小锤回归原位
开关
电铃
小锤
触点
衔铁
电磁铁
电源
上课铃线路图
磁力
重力
让磁悬浮列车能够悬浮起来的磁力就来自电磁铁
洗衣机
空调
冰箱
抽油烟机
“电生磁”还被广泛应用于各种电器中

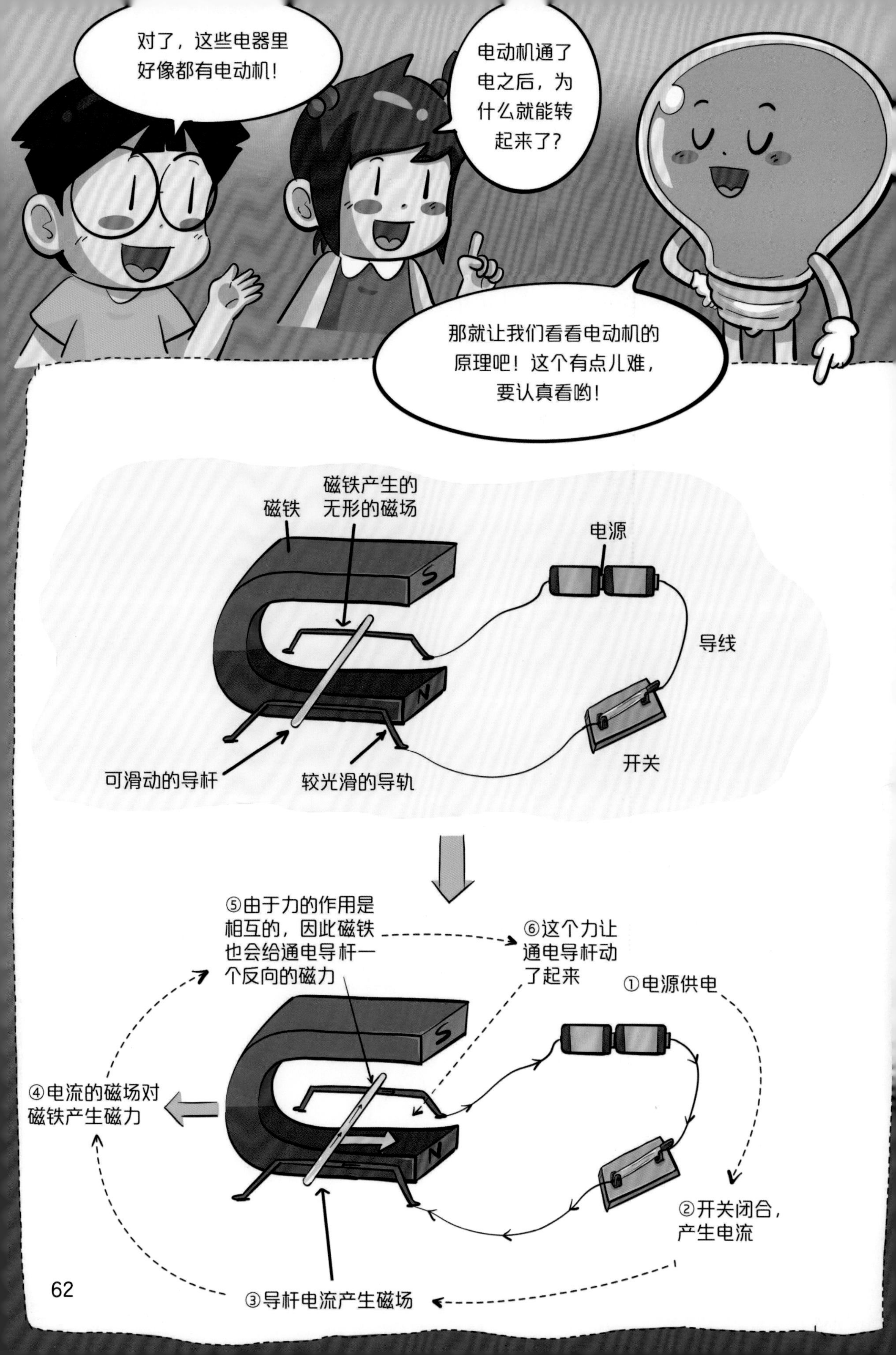
对了，这些电器里好像都有电动机！
电动机通了电之后，为什么就能转起来了？
那就让我们看看电动机的原理吧！这个有点儿难，要认真看哟！
磁铁
磁铁产生的无形的磁场
电源
导线
开关
可滑动的导杆
较光滑的导轨
①电源供电
②开关闭合，产生电流
③导杆电流产生磁场
④电流的磁场对磁铁产生磁力
⑤由于力的作用是相互的，因此磁铁也会给通电导杆一个反向的磁力
⑥这个力让通电导杆动了起来
S
N
S
N

我好像明白了，确实挺绕的。
这是直着运动，怎么能转起来呢？
原理是一样的，只需要改一下结构就行了。
线圈有电流，磁铁的磁场对通电线圈产生磁力
磁铁磁场对通电线圈的磁力1
通电线圈
磁铁
S
N
在两个磁力的作用下，线圈转了起来
磁铁磁场对通电线圈的磁力2
怪不得风扇一通电，就能转起来了。
科学家和发明家们可真厉害！
思考题又来啦！
思考题1：人们发现，闪电击中厨房后，厨房里面的一些金属餐具会像磁铁一样拥有磁性，你们知道这是为什么吗？
思考题2：利用了“电生磁”才动起来的电动机，还在哪些电器里有应用呢？
完成这两道思考题，就可以获得第7枚徽章“电可以生磁”啦！

小朋友们，电和磁是一对好朋友，它们的关系十分紧密，用处也非常多，除了书里提到的，你们还发现它们在哪些领域发挥了重要的作用呢？赶快跟爸爸妈妈分享一下吧！

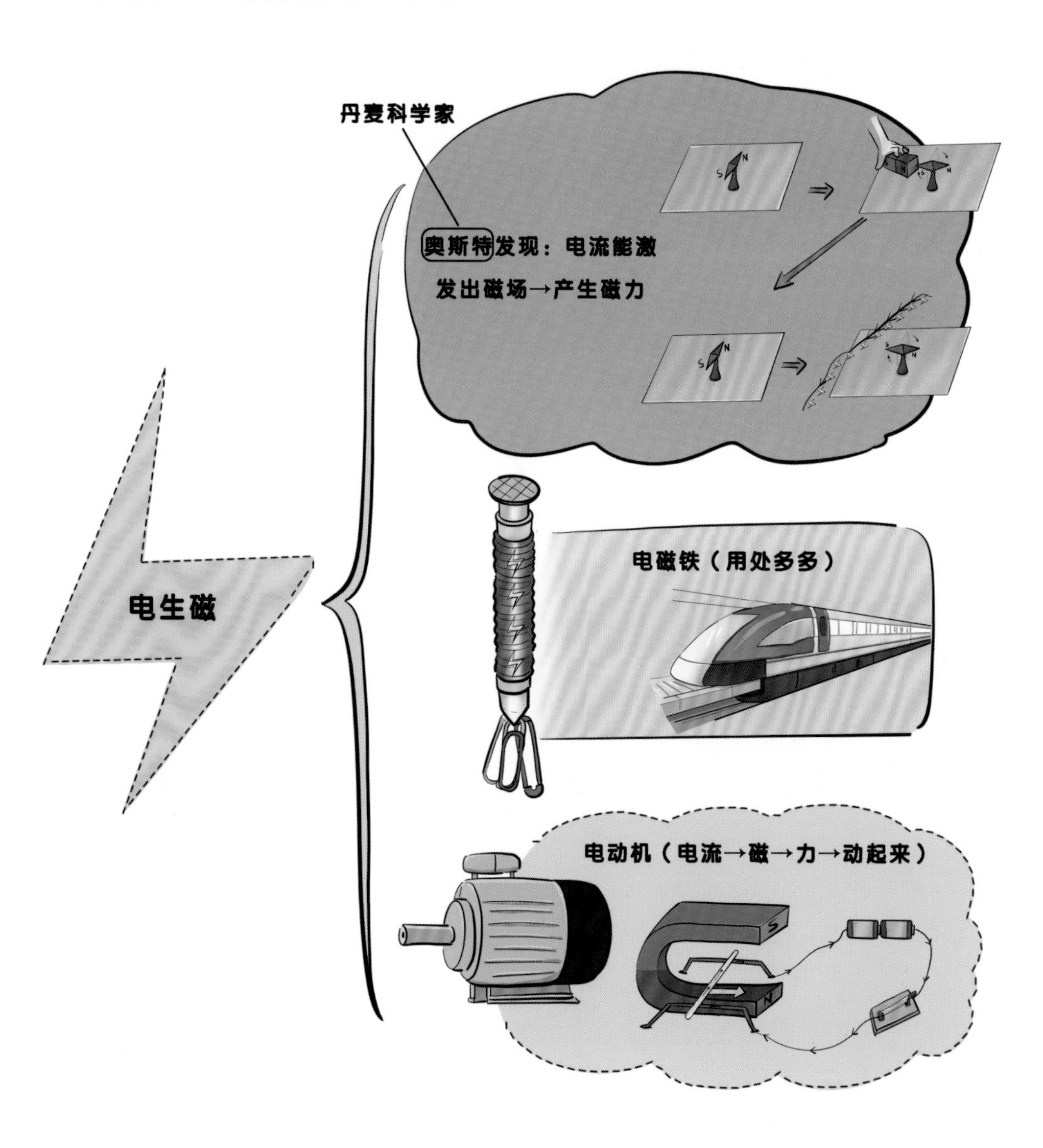

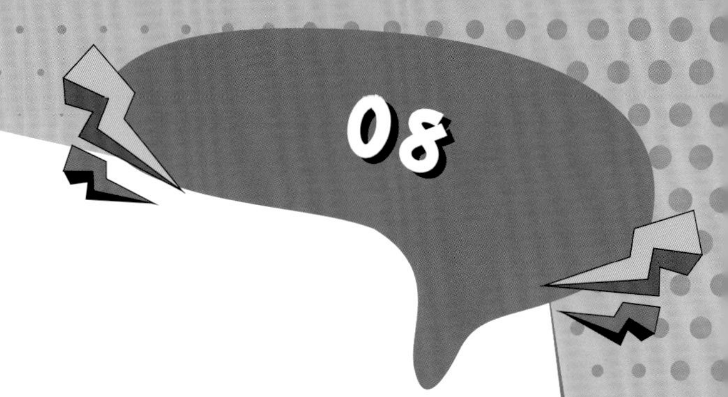

电和磁的奇妙关系 2

磁也能生电

对了，之前小艾问过一个问题，就是关于发电站的电是从哪来的。
我猜，发电站里应该有很多台摩擦起电机。
也可能是有好多的伏打电堆。
学以致用，真棒！不过通常来说，发电站都是用磁来发电的。
电能生磁，磁也能生电呀！
快说说，这到底是怎么回事啊？

英国
科学家
法拉第
既然电能生磁，那磁
能不能生电呢？
实验一
磁铁和线圈都不动，电流计指针不
偏转，没有反应，磁生电实验失败
磁铁
线圈
电流计（侦测
电流的仪器）
实验二
将磁铁向上或向
下移动，电流计
有反应（有电
流），磁生电
实验成功
实验三
将线圈向上或向下移动，电流计有反
应（有电流），磁生电实验成功
看来要想产生
电流，光有磁
还不行呀！
对呀！还得运动起来，
才能产生电流。
没错没错！看着挺容
易，可做起来却好难，关
于“磁生电”，我足足
研究了11年呢！

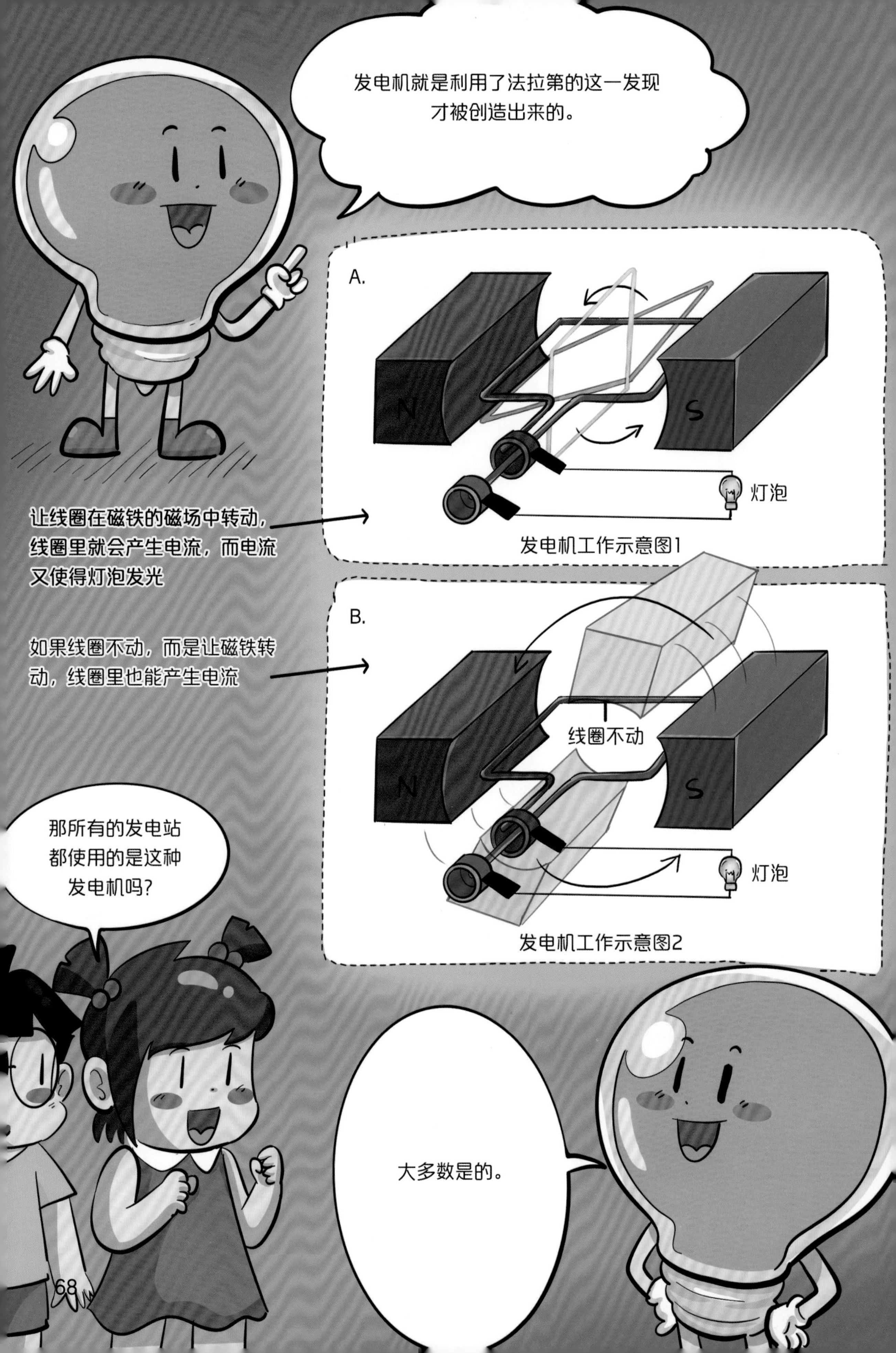

发电机就是利用了法拉第的这一发现
才被创造出来的。
A.
N
S
灯泡
发电机工作示意图1
让线圈在磁铁的磁场中转动，线圈里就会产生电流，而电流又使得灯泡发光
B.
线圈不动
N
S
灯泡
发电机工作示意图2
如果线圈不动，而是让磁铁转动，线圈里也能产生电流
那所有的发电站都使用的是这种发电机吗？
大多数是的。

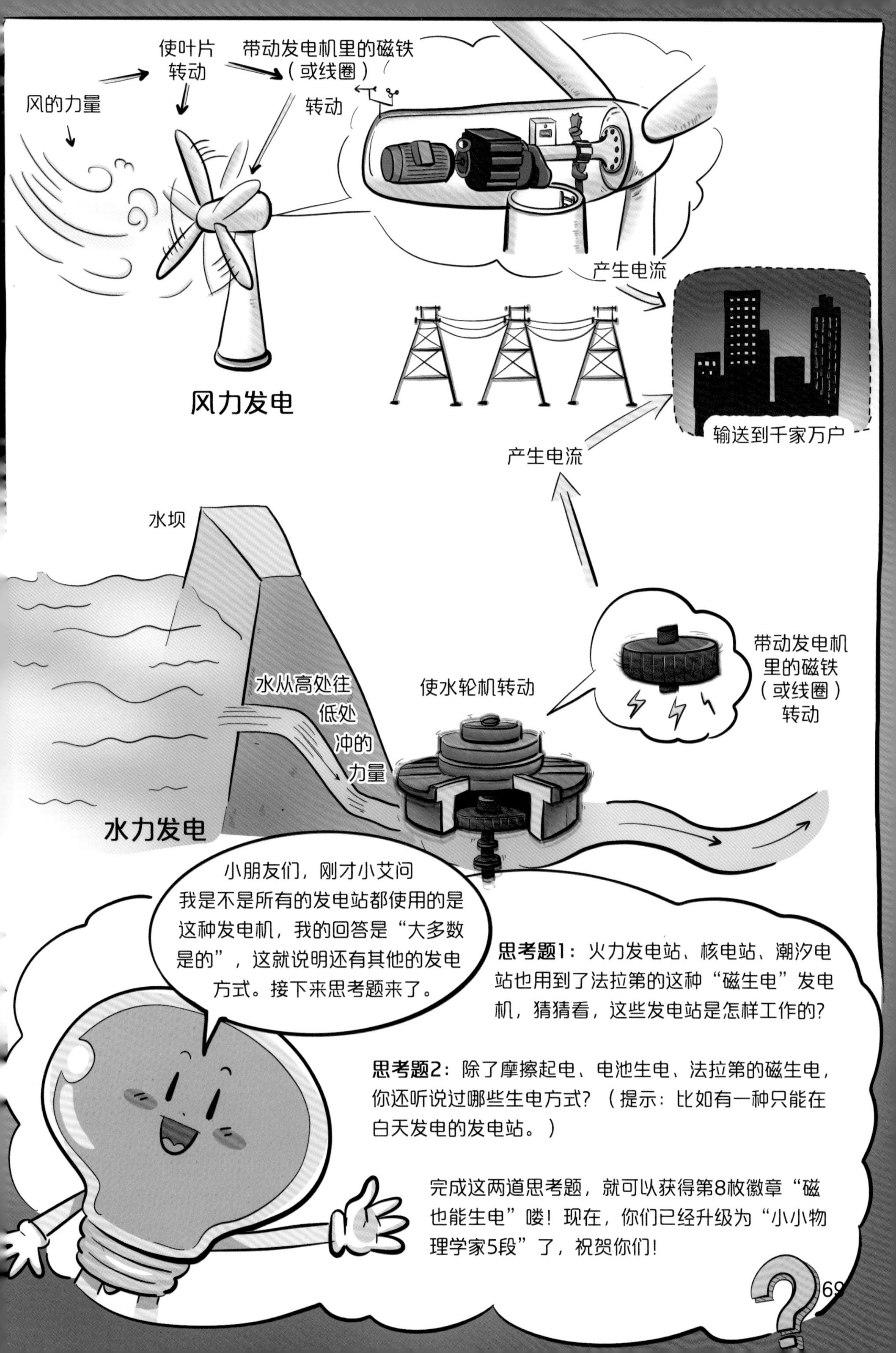
风的力量
使叶片转动
带动发电机里的磁铁（或线圈）转动
风力发电
产生电流
输送到千家万户
产生电流
水坝
水从高处往低处冲的力量
使水轮机转动
带动发电机里的磁铁（或线圈）转动
水力发电
小朋友们，刚才小艾问我是不是所有的发电站都使用的是这种发电机，我的回答是“大多数是的”，这就说明还有其他的发电方式。接下来思考题来了。
思考题1：火力发电站、核电站、潮汐电站也用到了法拉第的这种“磁生电”发电机，猜猜看，这些发电站是怎样工作的？
思考题2：除了摩擦起电、电池生电、法拉第的磁生电，你还听说过哪些生电方式？（提示：比如有一种只能在白天发电的发电站。）
完成这两道思考题，就可以获得第8枚徽章“磁也能生电”喽！现在，你们已经升级为“小小物理学家5段”了，祝贺你们！

小朋友们，上一节我们学习了电生磁的相关知识，这节我们又了解了磁生电，是不是很神奇？赶快来复习一下本节的知识点吧！

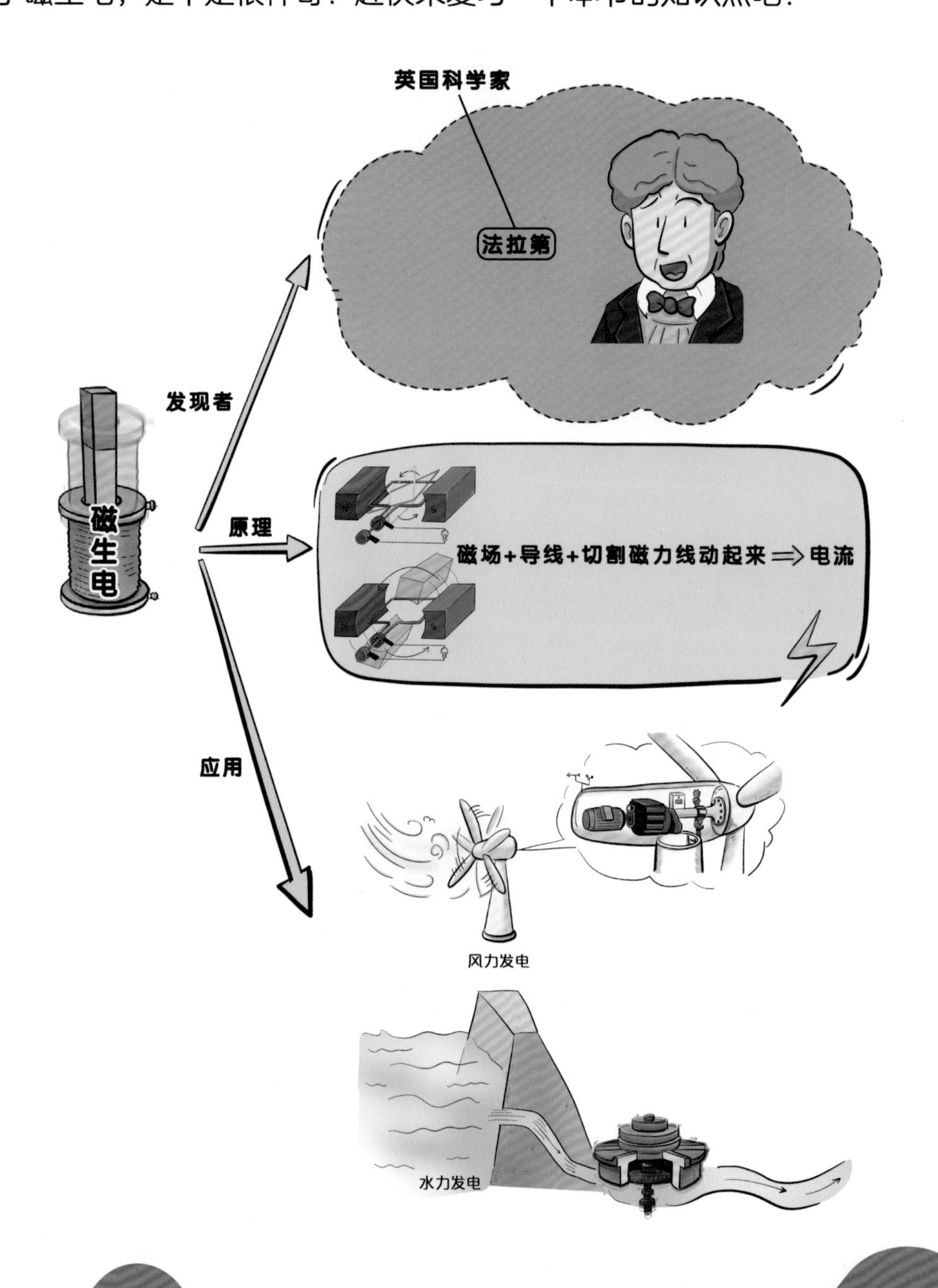

思考题答案

引言 成为小小物理学家的第五步——总结规律

答案：如果家里停电，电视机、洗衣机、冰箱、空调、微波炉、抽油烟机、电灯、台式电脑就不能工作了，因为这些电器的电一般来自外界供电；而手机、平板电脑、遥控器、遥控玩具汽车还能再工作一段时间，因为这些电器的电来自自身携带的电池。

01 爱捉迷藏的“电”（电的产生）

答案：1. 因为原子内的质子带正电、电子带负电，原子内有等量的正电和负电，正负抵消，从整体看来，原子不带电，所以由原子组成的一般物体也是不带电的。

2. 美国科学家本杰明·富兰克林（1706—1790 年）可是一位传奇人物，在此就不罗列他的事迹了，小朋友们感兴趣的话，不妨上网查一查。

02 让头发飘起来（摩擦起电）

答案：1. 左手和右手的性质太相近，也就是左手和右手抢夺电子的能力差不多，在抢夺对方电子的这场竞赛中双方打了个平手，最后没有哪一方的电子明显变多，也没有哪一方的电子明显变少。

2. 秋冬季节有时在脱衣服时，会有摩擦起电的现象发生，有时还会发出噼里啪啦的静电声。梳头（长发）时，头发也有可能会飘起来，这也是由于摩擦起电而导致的。

03　电是通过什么传递的（导体和绝缘体）

答案：1. 关于什么东西导电，什么东西不导电，格雷研究了 3 年多的时间（1729—1732 年）。现在教科书上看似简单的一两句话，可能就是当年科学家们克服重重困难，研究了很多年才有的结果。

2. 因为湿布会导电，用湿布擦插座，可能会把插座里的电传向人体，发生可怕的触电现象。咱们平时一定要注意用电安全。另外，干布一般不导电，纯净水其实也不导电，但在干布上倒上纯净水后，就导电了，奇怪吧？（补充说明：自来水、矿泉水不是纯净水，它们会导电。）

04　超酷的起电装置和储电装置

答案：莱顿瓶最重要的组成部分如下：

（1）容纳正电的金属箔；

（2）容纳负电的金属箔；

（3）把正负电隔开的玻璃瓶。

正电和负电之间的相互吸引力使正、负电老老实实地待在各自的金属箔上，这就是莱顿瓶储存电的原理了。根据莱顿瓶储存电的原理，只要找到两片金属（或其他导体），将其面对面放置，让它们分别用于容纳正电和负电，再用绝缘体（空气、塑料、陶瓷、玻璃等）把两片金属隔开，这样，一个最简单的莱顿瓶（电容）就做好了，是不是超级简单？别看它简单，它在很多用电器中可都发挥着不可或缺的作用哟！

05 让电跑起来（电源与电路）

答案：1. 随着电池技术的发展，废旧电池的丢弃方式也在不断变化，不同国家的要求也有所不同，大体可以分为如下几种。

（1）基本无害，但也没有太大回收价值的电池，比如不含汞的普通五号、七号电池，看当地、当时的规定，有时是可以直接将其丢入垃圾箱的。

（2）有较大回收价值的电池，比如笔记本电脑上的电池、电动车的电池等，可以找正规的回收机构回收再利用。

（3）有毒、有害的电池，比如纽扣电池，一定不要随意丢弃，否则会严重污染环境。可以找找家附近有没有专门的废旧电池回收处，有些便利店里就有，也可以等积攒够一定数量后，致电当地的环保部门来回收，最后再统一对其进行无害化处理。

2. 是并联的。如果是串联的，一盏灯断了导致灯灭，那串联在一起的其他用电器也会停止工作。而在并联情况下，一个用电器的通或断并不影响其他用电器的工作。

06 神奇的磁铁（磁现象）

答案：1. 不接触就能产生力的作用，除了电磁力，还有万有引力。科学家发现，任何有质量的东西都会激发出看不见、摸不着，却弥散在空间的“引力场”。地球周围就有“引力场”，月球之所以受到地球的引力，就是因为月球在地球的引力场中。

同样，带电的东西会激发出“电场”，磁铁会激发出“磁场”，这些“场”虽然是我们看不见、摸不着的，但它们是真实存在的。这些“场”使得两个物体即使不接触，也会产生力的作用。

2. 因为地球本身就像一块大磁铁，它周围有“地球磁场”，“地球磁场”大致就是南北指向的，所以受地球磁场影响的小磁针也是南北指向的！

07　电和磁的奇妙关系 1——电能生磁

答案：1. 闪电是一种很强的电流，电流会激发出磁场，含铁的金属餐具会被磁场磁化，从而显出磁性。

2. 电动机的应用非常广泛，比如手机能够振动起来、抽油烟机能够吸油烟、电动车能够跑起来、空调和冰箱能够制冷，都离不开电动机。

08　电和磁的奇妙关系 2——磁也能生电

答案：1.（1）火力发电站：点燃煤或天然气等可燃物→烧开水→产生蒸汽→蒸汽产生推力→带动发电机发电。

（2）核能发电站：控制核反应堆缓慢地进行核反应→烧开水→产生蒸汽→蒸汽产生推力→带动发电机发电。

（3）潮汐电站：大海涨潮或落潮→水流的推力→带动发电机发电。

2. 能发电的办法还有很多，譬如：

（1）太阳能电池：直接把太阳能转化为电能，由于太阳的能量实在太大了，所以这种发电方式潜力无穷。

（2）温差发电机：只要装置两端的温度不一样，就能产生电流。比如把它放在大海里，它就能利用深水和浅水的温差来发电。因为大海太大了，深水和浅水几乎总是有温度差的，所以用这种发电方式也很有潜力。

专业名词解释

用电器——利用电为我们服务的设备，比如电视机、电脑、洗衣机等。

分子——肉眼看不到的极小的微粒，一般物质由大量分子组成，比如水由大量的水分子组成，空气里有大量的氮气分子、氧气分子等。

原子——分子由更小的原子组成，比如一个水分子是由一个氧原子和两个氢原子组成的。

原子核——原子最核心处的极小硬核，原子核里面有带正电的质子，一般还有不带电的中子。如果把原子比喻成“太阳系”，那么原子核就是位于“太阳系”核心处的太阳。

电子——原子内部除了有原子核，还有在原子核外的电子，电子带负电。如果把原子比喻成“太阳系”，那么电子就像是“太阳系”里绕着太阳转的诸多行星。

摩擦起电——两个不同材料的物体相互摩擦，它们会争夺对方的电子。由于电子带负电，因此夺得电子的一方会显负电，失去电子的一方会显正电。

电的作用力——正电和正电之间相互排斥，负电和负电之间也相互排斥（同电相斥）；正电和负电之间相互吸引（异电相吸）。

导电——带电的极小微粒，可以在物体内流动，形成电流（类似于水流）。

导体——容易导电的东西，比如金属、人体、大地、自来水等。

绝缘体——一般不能导电的东西，比如干木头、橡胶、玻璃、陶瓷等。

摩擦起电机——利用了摩擦起电的原理，能激发出大量电的装置。

莱顿瓶——能储存电的装置，利用了正电和负电能相互吸引的原理，后来演变成“电容”，应用非常广泛。

伏打电堆——可持续激发出电的装置，利用了不同金属叠放后能激发出电的原理，后来演变成各种电池。

电路——由电源、导线、开关、用电器组成。电源提供电，导线传输电，用电器使用电，开关控制通或断。

串联和并联——用电器不同的连接方式，各有特点，通常家里的各种用电器都是并联的。

磁体——有磁性的物体，能吸引铁、钴、镍等，但不能吸引铜、铝等。磁铁（吸铁石）就是磁体。

磁极——磁体上磁性最强的位置，一个磁体总有N、S两种磁极，科学家还没有发现只有一种磁极的磁体（磁单极子）。

磁的作用力——如果N极和N极面对面，则它们相互排斥；如果S极和S极面对面，则它们也相互排斥（同极相斥）；如果N极和S极面对面，则它们相互吸引（异极相吸）。

磁场——磁体周围的看不见、摸不着的神奇物质，磁体之间的吸引或排斥就是通过磁场起作用的。

地球磁场——地球也是一个大磁体，指南针之所以能指南北，就是由于地球磁场的作用。

电生磁——奥斯特发现，给导线通了电流后，导线旁边的小磁针发生了偏转。这说明电流可以激发出磁场。

电磁铁——电磁铁利用了电流能产生磁场这一原理，断电时没有磁场，通电后就变得像磁铁一样。电磁铁的应用非常广泛。

电动机——通电导线在磁场中会受到力的作用，利用这一原理，人们发明了电动机，通了电流后它就能运转起来。电动机的用途也非常广泛。

磁生电——法拉第发现，当满足一定条件时，导体在磁场中也能产生电流，这一现象也叫作法拉第电磁感应现象。

发电机——能源源不断地激发出电的装置，现在绝大多数发电机都是利用了电磁感应原理（磁生电）。

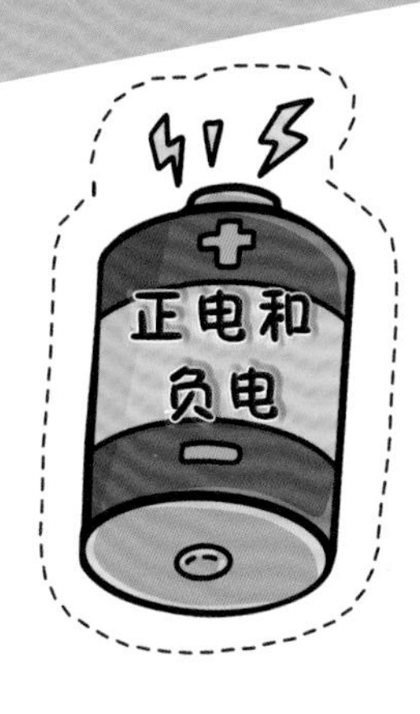
正电和
负电

摩擦起电

导体和
绝缘体

超酷的
莱顿瓶

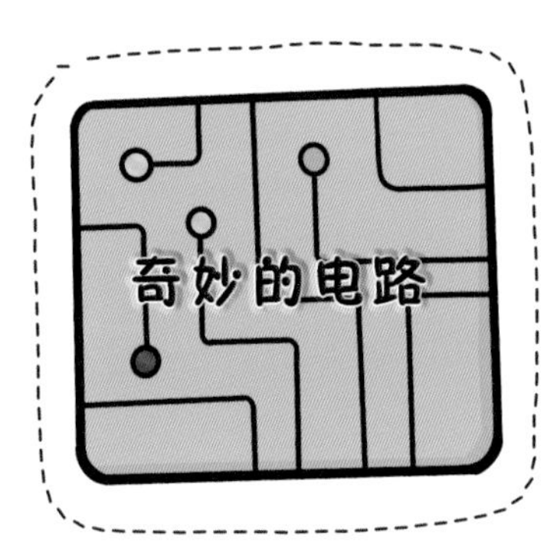
奇妙的电路

神奇的
磁铁
N
S

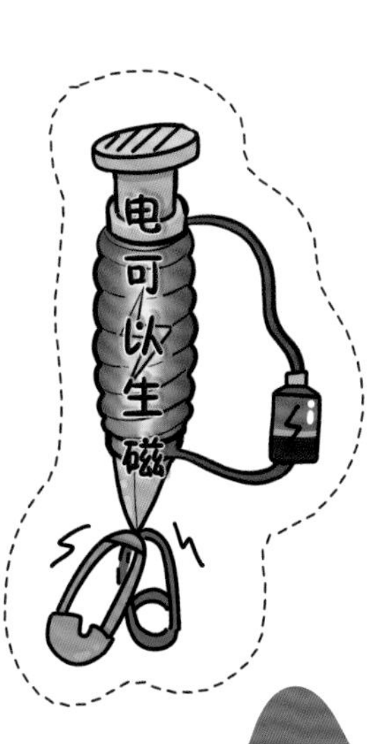
电可以生磁

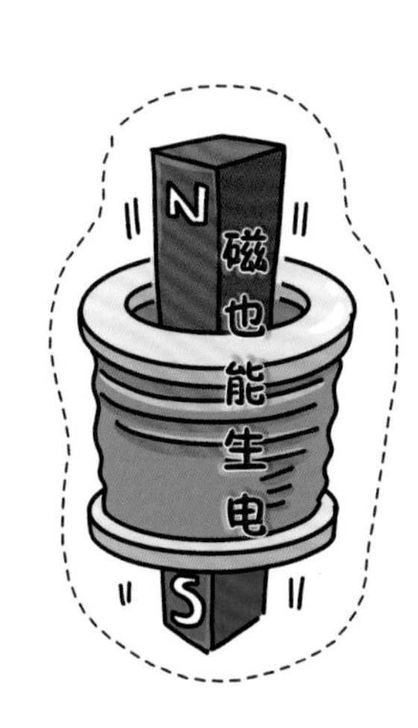
N
磁也能生电
S

小小物理学家
5段